똑똑 과학 씨,
들어가도 될까요?

똑똑 과학 씨, 들어가도 될까요?

일상을 향해 활짝 열린 과학의 문

마티 조프슨 지음 · 홍주연 옮김

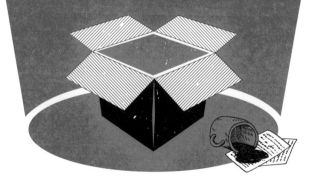

자음과모음

줄리엣, 파피, 조지

그리고 지칠 줄 모르는 호기심으로

괴로워하는 모든 이를 위해

차례

▶ 첫 번째 문 ◀
우리 몸을 지키는 먹거리의 과학

▶ 두 번째 문 ◀

가전제품과 주방용품의 과학

▶ 세 번째 문 ◀
집 안팎에 숨어 있는 놀라운 과학

▶ 네 번째 문 ◀
인간이라는 독특한 존재의 과학

▶ 다섯 번째 문 ◀
우리 주변을 둘러싼 과학

▶ 여섯 번째 문 ◀
정원의 과학

한국의 독자들에게

박사 학위를 딴 후 저는 연구자로서의 삶이 저와 맞지 않다는 것을 깨달았습니다. 그런 일을 하기에 저는 변덕스러웠고 인내심도 부족했죠. 그 대신 저는 사람들에게 과학 이야기를 해주는 것이 즐거웠고, 거기에 제법 재능도 있었습니다. 그게 벌써 몇십 년 전 일입니다. 이제 저는 무대에서 공연을 하고, 방송에 출연하고, 글을 쓰면서 오로지 과학에 대한 제 열정을 사람들에게 전달하겠다는 목표 하나로 살고 있죠. 저에게 중요한 주제는 여러분이 일상에서 마주치는 과학입니다. 머나먼 우주, 높은 산꼭대기, 깊은 땅속 등 극한의 환경에도 과학은 존재하지만 단지 멀리 떨어진 곳이라고 해서 보다 더 흥미진진하거나 놀라운 것은 아닙니다. 이 책에서 저는 여러분의 눈앞에서 일어나는 과학 현상들이 얼마나 흥미로운지를 보여드리려 합니다.

2018년 여름
마티 조프슨

들어가는 말

우리는 매일 일상 속에서 흥미로운 과학의 세계를 경험한다. 다만 그 세계를 인지하지 못할 뿐이다. 과학은 우리가 일상적으로 마주하는 현상과 우리가 별스럽지 않게 사용하는 작은 도구에도 숨어 있다. 과학의 가장 흥미로운 부분들은 우리 눈에 띄지 않는다.

하지만 잠깐만 멈추어 들여다보자. 그러면 숨어 있던 과학의 원리가 그 매혹적인 빛을 드러내고 있다는 것을 알 수 있다. 예를 들면, 매운 음식을 먹었을 때 입안이 뜨거워지는 이유는 무엇일까? 고추의 매운맛을 내는 성분인 캡사이신capsaicin에 대해서는 분자 수준까지 연구가 이루어졌지만, 이것은 시작에 불과하다. 피페린 piperine, 진저롤gingerol, 이소티오시안산 알릴allyl isothiocyanate* 그

---

* 겨자, 고추냉이 등의 매운맛 성분.

리고 제대로 발음하기도 쉽지 않은 하이드록시 알파 산쇼올hydroxy alpha sanshool* 등 매운맛을 내는 성분은 다양하다. 각 성분은 서로 다르지만 모두 우리의 신경에 직접적으로 영향을 미쳐 마치 통증과도 비슷한 감각을 유발한다.

우리가 평소에 눈여겨보지 않던 아주 평범한 도구들 속에도 놀라운 과학이 숨겨져 있다. 쿼츠Quartz 시계 안에서 일어나는 일에 대하여 마지막으로 생각해본 적이 언제인가? 수정 진동자를 진동시키는 데 사용되는 전자회로 시스템은 놀라울 정도로 정교하며, 이것은 단지 시계뿐만 아니라 모든 휴대폰과 컴퓨터, 태블릿 장치 안에 들어간다. 모든 경보 시스템에 포함되는 적외선 동작 센서 또한 어디에서나 조용히 우리를 지켜보고 있다. 이러한 놀라운 장치들의 비밀은 내부에 숨어 있다. 센서 안에는 두 개의 작은 결정체가 정교하게 연결되어 있다. 이것이 우리 눈으로 볼 수 없는 범위를 볼 수 있게 해줄 뿐만 아니라 특정 크기 이상의 움직임을 보이는 적외선 방사 대상에만 반응하게 해준다.

기초 지식을 익히고 나면 갑자기 막다른 길을 만나게 되는 경우도 적지 않다. 아직까지 우리가 해답을 알아내지 못한 영역과 마주치는 것이다. 도로에서 귀한 백금을 찾아낼 가능성에서부터 나방이 빛 주위를 맴도는 이유 등등 일상의 과학 속에는 우리가 모르는 미지의 영역이 여전히 남아 있다.

* 산초山椒의 매운맛 성분.

그런데 이러한 일상의 과학을 이해하는 것이 정말 중요할까? 겉으로 보기에는 물론 그렇지 않다. 토스터의 작동 원리나, 나무 아래 앉아 있으면 시원한 이유를 알든 모르든 살아가는 데 큰 차이가 일어나지는 않는다. 우리가 아무것도 몰라도 세상은 여전히 잘 돌아간다. 하지만 원리를 알면 달라지는 것이 생길 수도 있다.

기술이 지배하는 이 세상에서 지식을 더 많이 쌓을수록 보다 더 정확하게 결정을 내릴 수 있다는 사실은 매우 중요하다. 토스터 안에 낀 빵을 뺄 때 어떤 종류의 도구를 사용할 것인가와 같은 사소하지만 중요한 선택을 해야 할 때도 마찬가지다. 토스터 내부에는 전기가 흐르는 니크롬선이 그대로 노출되어 있다는 것을 아는 사람이라면 전도체인 금속 칼보다는 나무로 된 숟가락이나 젓가락을 사용하는 쪽을 택할 것이다. 토스터 같은 간단한 도구의 원리를 이해하면 그 용도와 기능을 확장시킬 수도 있다. 비슷한 예로 녹색 식물이 냉각 효과를 가진다는 사실을 알고 나면, 마을과 도시 내 녹지 조성을 추진하는 근거로 삼을 수도 있다.

편리한 생활을 위해 도구를 개발하거나 도시를 계획하는 것에만 과학이 이용되는 것은 아니다. 일상의 과학이 왜 중요한가라는 질문에는 조금 더 막연하지만 근본적인 답이 있다. 과학이 우리의 삶을 더욱 즐겁게 만든다는 것이다. 어떤 것의 배경과 의미를 알면 훨씬 더 풍부한 경험이 가능해진다. 위대한 예술이나 문학작품을 감상할 때 이것이 사실임을 부정할 사람은 없을 것이다. 과학도 마찬가지다. 오랫동안 욕조에 들어가 있으면 손가락이 쪼글쪼글해지는 이유를 알고 나면, 말린 자두처럼 변한 손가락 끝을 새로운 눈으로 바라보게 될 것이다. 그러면 목욕하는 시간이 더 흥미로워질 수밖에 없다.

이 책에서는 우리 주변에서 항상 일어나고 있는 놀랍고도 흥미로운 과학 지식 몇 가지를 이야기하려고 한다. 이것은 오래전에 확립된 낡은 과학 지식들이 아니다. 최첨단 과학을 이해하기 위해서 굳이 먼 우주로 떠나거나 빛의 속도에 가깝게 이동하는 아원자 입자subatomic particle*를 찾을 필요는 없다. 방법은 매우 간단하다. 그저 여러분 주변을 둘러보고 그 안에 숨어 있는 복잡한 일상의 과학 속으로 뛰어들기만 하면 된다.

* 원자보다 작은 입자 혹은 원자를 구성하는 기본 입자.

첫 번째 문

우리 몸을 지키는
먹거리의 과학

가장 달콤한 물질

달콤하고 신선한 딸기, 오븐에서 갓 구운 케이크, 그리고 내가 가장 좋아하는 벌집에서 바로 따낸 꿀 등등 우리는 대부분 단 음식을 좋아한다. 단것에 대한 욕구가 마치 뇌에 내장되어 있는 것처럼 느껴질 정도다. 하지만 단맛을 감지하는 우리의 능력은 놀라울 정도로 부정확해서 당분과 유사한 점이 거의 없는 화학물질에도 잘 속아 넘어간다. 그뿐만이 아니다. 사실 단맛으로만 치면 일반적인 설탕, 즉 수크로오스sucrose, 자당는 그렇게 많이 달지 않다.

지금까지 발견된 화학물질 중 가장 달콤한 것은 러그던에임lug-duname이다. 수크로오스보다 약 25만 배나 더 달다. 하지만 화학자들을 당황스럽게 만드는 것은 러그던에임이 다른 당과 구조적으로 유사한 부분이 전혀 없다는 사실이다. 이 사실이 문제가 되는 이유는 다음과 같다. 일반적으로 화학수용체는 분자의 아주 작은 일부만을 인식해 작용한다. 특정 수용체가 여섯 개의 원자로 이루어진 구조를 인식한다고 할 때, 이 여섯 개의 원자만 제자리에 있다면 분자의 나머지 구조는 중요하지 않다. 이것을 '자물쇠와 열쇠 모델the lock and key model'이라고 한다. 특정한 열쇠를 갖고 있기만 하면 어떤 화학물질이든 자물쇠에 들어맞게 된다. 그런데 수크로오스와 러그던에임은 어떤 종류의 공통된 열쇠도 갖고 있지 않다.

'당'은 길이가 저마다 다른 탄소 사슬과 산소로 구성되며, 주로 고리 형태를 이루는 화학물질들을 가리킨다. 하나의 고리로 이루어진 가장 단순한 형태의 당으로는 글루코오스glucose, 포도당와 프룩토오스fructose, 과당가 있다. 단순한 형태의 두 당이 서로 결합하면 수크로오스와 같은 화합물이 된다. 수크로오스는 프룩토오스와 글루코오스가 결합된 것이다. 이러한 물질들은 모두 공통적인 구조를 지니기 때문에 우리는 이 공통의 열쇠가 단맛을 내는 것이라고 추측하기 쉽다.

그런데 설탕의 대체품들을 생각하면 문제가 복잡해진다. 우리는 다이어트 음료를 비롯하여 온갖 식품에 사용되는 아스파탐aspartame 같은 감미료에 익숙하다. 그래서일까? 이러한 감미료가 실험실에서 만들어지는 합성 물질일 것이라고 생각하는 사람이 많다. 하지만 다이어트 산업이 번성하기 전부터 자연에는 설탕을 대체할 수 있는 것들이 존재했으며, 이런 것들은 뜻밖의 장소에서 발견되기도 한다.

내가 가장 좋아하는 감미료는 바닷가에서 찾을 수 있다. 생태학 연구 여행 도중에 이 감미료를 처음 발견하고 깜짝 놀랐던 경험이 있는데, 여러분도 바위가 많은 해안을 거닐게 되면 흔히 '슈거 켈프sugar kelp'라고 불리는 사카리나 라티시마saccharina latissima의 잎을 찾아보기 바란다. 매우 독특하게 생겼기 때문에 쉽게 발견할 수 있을 것이다. 슈거 켈프는 단일한 잎으로 이루어진 갈색의 해초인데 종종 길이가 2미터에 달하고 폭은 10~15센티미터 정도 된다. 특히 잎의 끝부분은 평평하거나 살짝 물결 형태를 이루는 반면 가운데에는 주름이 잔뜩 잡혀 있다는 것이 눈에 띄는 특징이다. 이 슈거 켈프의 잎을 말리면 표면에 흰 가루가 생성되는데, 이것이 달콤한 맛을 낸다. 다만 해초를 핥아 맛보기 전에는 먼저 제대로 된 도감을 찾아보는 것이 좋다. 슈거 켈프는 일본 등지에서 인기가 있지만 다른 나라에서는 그다지 즐겨 먹지 않는다.

또 다른 감미료로는 보통 감초라고 불리는 글리시리자 글라브라glycyrrhiza glabra의 뿌리에 함유되어 있는 글리시리진glycyrrhizin이 있다. 이것은 감초 사탕의 원료이기도 하다. 글리시리진은 수크로오스보다 50배 정도밖에 달지 않지만 혀의 미각 기관인 미뢰味雷에 오랫동안 감돌면서 특유의 맛을 낸다. 많이 먹으면 고혈압과 설사를 일으키기 때문에 양을 조절해 먹는 것이 좋다.

자연에서 생산되는 또 다른 감미료로는 스테비아stevia가 있다. 정확히 말하면, 남아메리카 식물인 스테비아의 당엽糖葉에서 추출

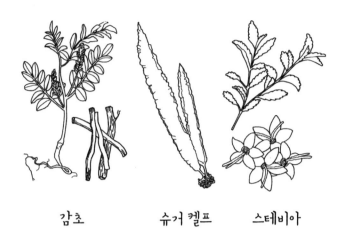

감초　　　　　슈거 켈프　　　　스테비아

한 스테비올 글리코시드steviol glycoside라는 화학물질이다. 이 물질
은 수크로오스보다 약 150배나 달고 온도 변화와 산에 강하며 효
모에 의해 발효되지 않는다. 이러한 특징들 덕분에 식품첨가물로
널리 쓰인다. 유명 기업인 코카콜라와 펩시코도 스테비아 기반 감
미료를 생산하고 있다.

　이러한 설탕 대체품들은 모두 수크로오스와 유사한 구조를 공
통적으로 지니고 있다. 모두 '달콤함의 자물쇠에 맞는 열쇠the key
to the sweetness lock'를 가지고 있기 때문에 우리의 혀 위에서 달게
느껴진다고 설명하면 쉽게 이해가 간다. 그렇다면 가장 달콤한 물
질인 러그던에임의 맛은 어떻게 느껴지는 것일까? 단맛을 감지하
는 인간의 능력에 대해서는 이론이 다양하다. 가장 최근에는 프랑
스 리옹대학교의 생물학자들이 다지점 부착 이론multi-point attach-

ment theory을 제기한 바 있다. 다지점 부착 이론은 혀의 단맛 수용체가 물질의 커다란 한 부분을 인식하는 것이 아니라 크기가 더 작고 서로 떨어져 있는 여러 부분을 최대 여덟 개까지 인식한다고 설명한다. 그리고 꼭 이 부분을 모두 포함해야만 단맛을 느낄 수 있는 것은 아닌 듯하다. 이것은 하나의 열쇠와 자물쇠라기보다는 자물쇠 여러 개가 든 자루와 작은 열쇠 여러 개가 달린 열쇠고리에 가깝다. 다지점 부착 이론은 가장 달콤한 러그던에임이 수크로오스와 전혀 다른 구조를 지니는 이유가 무엇인지를 명쾌하게 설명해주는 이론이기도 하다. 분자구조는 서로 다르다. 그렇지만 두 물질 모두 여덟 개의 자물쇠 중 단맛을 내기에 충분할 만큼의 수를 열 수 있는 열쇠들을 가지고 있다. 각 물질이 여는 단맛 수용체의 자물쇠 종류는 서로 다를지 모르지만 우리의 혀는 생각만큼 식별력이 뛰어나지 못하다. 당 또한 모두 같은 구조를 지니는 것은 아니다.

케이크의 비밀

갓 구워 폭신폭신한 케이크에 따뜻한 차 한 잔을 곁들여 마시는 것
만큼 기분 좋은 일은 그다지 많지 않을 것이다. 그렇게 맛있고 가
볍고 보드라운 작품을 만들어내는 방법은 의외로 간단하다. 기본
적으로 필요한 것은 두 가지뿐이다. 거품을 많이 만들 수 있는 재
료, 그리고 그 거품을 맛있는 케이크 안에 가두어둘 수 있는 방법.
후자는 보통 재료에 달걀을 섞으면 해결되지만, 거품을 만드는 방
법은 몇 가지가 있다.

달걀을 휘저어서 공기를 집어넣는 방법도 좋지만, 화학물질을
약간만 첨가하면 훨씬 쉽고 확실하게 거품을 만들 수 있다. 나는
보통 케이크를 구울 때 직접 만든 밀가루를 사용해 기포를 만든

다. 직접 만든다는 것은 밀가루 100그램당 베이킹파우더 5그램을 섞어주는 것을 뜻한다. 거품을 내려고 할 때 베이킹파우더가 유용한 이유는 무엇일까?

베이킹파우더에는 두 가지 주요 성분이 들어 있는데, 그중 한 가지는 탄산수소나트륨sodium hydrogen carbonate이다. 탄산수소나트륨은 국제순수 및 응용화학연합IUPAC, International Union of Pure and Applied Chemistry이 붙인 공식 명칭인데, 흔히 중탄산소다, 베이킹 소다, 쿠킹 소다, 혹은 그냥 중탄산염이라고도 한다. 소다soda라는 명칭은 나트륨sodium을 의미할 뿐 특별한 것은 아니다. 이 화학물질이 우리에게 유용한 이유는 탄산수소염이 산성 물질에 용해되면 탄산이 생성되고, 이것이 물과 이산화탄소로 빠르게 분해되기 때문이다. 케이크 안의 거품은 탄산수소염을 분해해서 생겨난 이산화탄소로 만들어진다.

그리고 탄산수소나트륨은 섭씨 50도 이상의 열을 가했을 때도 분해되어 이산화탄소를 만들어낸다. 어떤 베이킹파우더에는 '이중효과'라는 문구가 붙어 있는데, 이것은 산과의 반응뿐만 아니라 열 분해도 함께 이용해 거품을 만들어낸다는 뜻이다.

베이킹파우더가 정말 유용한 이유는 탄산수소염과 함께 들어 있는 또 다른 주요 성분 때문이다. 이 물질은 산성피로인산나트륨disodium dihydrogen pyrophosphate이라는 굉장히 복잡한 이름을 갖고 있지만, 사실은 그저 가루 형태로 된 산일뿐이다. 물과 섞이면 냄새는 나지 않지만 레몬주스나 식초를 한 방울 탄 것처럼 약한 산성을 띠게 된다.

베이킹파우더의 두 가지 성분 모두 주방 찬장 안에 그냥 놓아두면 아무 일도 일어나지 않지만 물이나 우유, 달걀 등 수분이 있는 재료와 섞으면 화학반응을 일으키기 시작한다. 산성피로인산나트륨이 케이크 반죽을 약산성으로 변화시키고, 곧바로 탄산수소나트륨이 이산화탄소 기체를 만들어낸다. 따라서 베이킹파우더나 여러분이 제조한 밀가루에 액체를 첨가한 후에는 서둘러 오븐 안에 넣어야 한다. 그래야 달걀이 굳어 기포를 붙잡아둘 수 있다. 주방 조리대 위에 반죽을 오랫동안 방치했다가 구운 케이크는 맛은 있을지 몰라도 가볍거나 폭신폭신하지는 않을 것이다.

새우 크래커를 만들 때

레스토랑에서 새우칩 혹은 새우 크래커라고 불리는 둥글고 바삭바삭한 과자가 나오면 그게 무엇인지, 어떻게 만들어졌는지, 정말 새우가 들어 있기는 한 건지 곰곰이 생각해보기도 전에 순식간에 입안에서 사라져버리곤 한다. 새우 크래커에 정말 새우가 들어간다는 사실, 그리고 가공식품인데도 그 안에 들어가는 재료의 수가 매우 적다는 사실을 알면 놀라는 사람도 많을 것이다. 새우 크래커에는 새우가 약 10~15퍼센트 정도 함유되어 있고, 대부분 타피오카 전분으로 이루어진다. 전분과 새우가 바삭하게 부풀어 오른 과자로 바뀌는 것은 경이로운 식품 제조 기술 덕분이다. 새우 크래커를 제조하는 첫 번째 단계는 전분으로 둥글고 납작한 반죽을 만드는 것이다.

새우 크래커의 주성분인 타피오카 전분에도 놀라운 과학이 숨어 있다. 타피오카 전분은 카사바 나무의 알뿌리에서 채취되는데, 열대지방에는 고구마처럼 생긴 이 뿌리를 주요 먹을거리로 삼으며 살고 있는 사람이 많다. 그래서 카사바에 시안화물cyanide이 풍부하게 포함되어 있어 급성 및 만성 중독을 모두 일으킬 수 있다는 사실을 알면 조금 놀라지 않을 수 없다. 카사바는 여러 종류가 있는데, 그중 '쓴 카사바bitter cassava'라고 불리는 종류에는 글루코오스와 시안화물이 결합되어 이루어진 리나마린linamarin이라는 물질이 꽤 많이 포함되어 있다. 이 카사바 뿌리를 자르거나 껍질을 벗기면 리나마린을 분해하는 효소가 나오면서 시안화물이 생성된다. 따라서 타피오카 전분을 추출할 때는 시안화물을 반드시 제거해야 한다. 가장 먼저 카사바를 미세하게 분쇄해야 한다. 이때 리나마린이 분해되면서 시안화물이 생성되기 시작한다. 두 번째 단계는 이 카사바 가루를 물통에 며칠 동안 담가두는 것이다. 시안화물은 물에 용해된다. 그렇기 때문에 물을 몇 번씩 갈아주면서 카사바 가루를 헹구어내면 시안화물이 전부 쓸려나간다. 그다음에는 남은 덩어리에서 물기를 모두 짜내면 된다. 덩어리를 버리고 남은 불투명한 흰색 액체를 증발시키면 미세하고 순수한 전분 가루가 남는다.

새우 크래커는 손으로 직접 만들 수도 있다. 먼저 가루로 만든 새우를 타피오카 전분과 섞은 후 물을 조금 부어 반죽을 만든다.

그리고 이 반죽을 소시지 형태로 빚어서 찐다. 이제 이 끔찍하게 맛없어 보이는 끈적끈적한 전분 덩어리를 며칠 동안 말려야 한다. 그런 다음 얇게 썰어서 며칠 더 말린다. 그러면 모양이나 촉감이 마치 플라스틱 같은 원반이 만들어진다. 살짝 반투명하고, 얼마나 얇게 만드느냐에 따라 단단해지는 정도에 차이가 나기도 한다. 마지막으로 이 원반을 뜨거운 기름에 넣으면 풍선처럼 부풀어 오르면서 새우 크래커가 된다.

이 방법도 복잡하다고 생각하겠지만 공장에서 만드는 과정은 훨씬 더 복잡하다. 새우 크래커를 만들 때는 수분 함유량을 딱 알맞게 맞추는 일이 매우 중요하다. 대량으로 생산할 때도 타피오카 전분과 말린 새우 가루, 소량의 물이 들어간다. 이렇게 섞어 만든 전분 반죽을 기계에 넣어 압축하고 열을 가한다. 이때 1제곱센티미터당 2톤에 달하는 엄청난 압력이 가해진다. 이렇게 하면 전분이 부드럽게 녹아 흐른다. 이렇게 녹은 전분은 하얗고 반투명한 원반 형태가 되어 기계 밖으로 나온다. 중국의 슈퍼마켓이나 아시아 식료품점에 가면 이렇게 익히지 않은 상태의 새우 크래커를 구입할 수 있다. 이런 형태는 비닐봉투에 넣어 밀봉해두기만 하면 매우 오랫동안 신선한 상태로 보관할 수 있다.

처음에 수분 함유량이 중요하다고 말한 이유는 원반 모양의 전분을 뜨거운 기름에 넣을 때 그 안에 수분이 적당하게 포함되어 있어야 하기 때문이다. 이때 두 가지 반응이 일어난다. 첫 번째로는 전분이 열을 받아 다시 부드럽고 흐물흐물해진다. 두 번째로는 그 안에 함유된 소량의 물이 증발하면서 수증기가 되어 팽창한다. 전분에 포함된 물이 수증기로 변하면 납작한 반죽이 부풀어 오르면서 우리가 잘 알고 있는 볼록한 크래커 모양이 된다. 이제 전분이 갈색으로 변하기 전에 기름에서 꺼내어 식히면 단단하면서도 부서지기 쉬운 재질로 돌아간다. 대신 동글납작한 모양에서 바삭하게 부풀어 오른 먹음직스러운 모양이 되었다. 제조법이 특이해 보일지 모르지만 아침식사용 시리얼부터 팝콘에 이르기까지 우리가 흔히 먹는 여러 식품을 만들 때도 이와 똑같은 방법이 사용된다. 심지어 식품이 아니라 상자의 내용물을 보호하기 위해 채워 넣는 벌레 모양의 충전재를 만들 때도 사용된다. 그다지 독특한 방법은 아닌 셈이다.

달걀흰자가 불투명해지는 이유

한번 생각해보자. 달걀이든 오리알이든 메추라기알이든 흰자, 정확한 용어로 말하자면 난백卵白은 요리를 하면 완전히 투명한 액체에서 반투명한 흰색 고체가 된다. 반면 노른자는 비록 농도는 변하지만 색은 변하지 않고 그대로를 유지한다. 왜 어떤 부분은 투명도가 변하고 어떤 부분은 변하지 않는 것일까?

조류의 알은 새끼를 성장시키는 데 필요한 단백질과 지방, 미네랄로 가득 차 있다. 달걀 열량의 대부분을 함유하고 있는 노른자는 배아가 성장하는 데 필요한 영양분의 주요 공급원이다. 지방은 노른자에만 포함되어 있고, 흰자는 거의 단백질과 물로만 구성되어 있다. 흰자 또한 병아리를 탄생시키는 과정에 사용되기는 하지만 주된 역할은 노른자를 지탱하고 보호하는 것이다. 조리하지 않은 달걀흰자에는 알부민albumin이라는 단백질이 함유되어 있는데, 이것은 아미노산 수백 개로 이루어진 긴 사슬들로 구성되어 있다. 이 사슬에 포함된 전하를 띤 원자단은 동일한 사슬의 전하를 띤 다른 원자단에 달라붙는다. 전하를 띠는 원자단끼리 모두 짝을 이루어 결합하면 단백질이 작은 공 형태로 말린다. 달걀흰자는 이런 알부민 단백질 분자들이 물속에 떠다니고 있는 형태다.

이제 투명함과 불투명함을 만드는 원인에 대해 알아보자. 분자 수준에서 보면 익히지 않은 흰자는 물과 단백질 분자로 가득 차 있고, 각 분자는 원자들로 구성되어 있다. 이 크기에서는 빛이 통과해 지나가는 것이 불가능해 보인다. 하지만 원자의 범위를 넘어 아원자 입자의 세계로 들어가면 모든 것이 바뀐다. 원자는 모두 중앙의 핵과 그 주위를 도는 전자구름으로 이루어져 있다. 원자 내부에서 핵이 차지하는 공간은 아주 적다. 이것은 스포츠 경기장과 완두콩 등 여러 가지에 비유되곤 하는데, 핵심은 원자 안에는 거의 아무것도 없다는 것이다. 원자의 대부분은 전자구름이 퍼져 있는 빈 공간에 불과하다.

가시광선이 원자에 부딪히면 핵에 닿지는 못하지만 전자구름은 통과할 가능성이 높다. 우리는 지금 아원자 수준에서 이야기하고 있다. 양자 효과의 세계로 들어왔다는 뜻이다. 전자들은 각각 정해진 에너지준위準位에서만 존재할 수 있다. 복잡한 양자 이야기로 넘어가지 않고 그 이유를 설명하자면 전자들이 몇 가지의 공명 주파수를 가지고 있는 것과 비슷하다(141쪽 참조). 가능한 에너지준위는 원자의 종류와 그것이 무엇과 결합되어 있느냐에 달려 있다.

광선은 파장이나 색으로 정의되는 특정한 양의 에너지를 지닌다. 빛이 전자를 통과할 때 전자는 이 에너지를 흡수해 더 높은 에너지준위로 올라갈 수 있다. 하지만 에너지준위 차와 딱 맞는 양의 에너지만 흡수할 수 있다. 새로운 에너지준위로 반쯤만 올라가거나 그보다 약간 더 높이 올라갈 수는 없다. 하지만 물과 단백질로 가득한 흰자 안에서는 각 전자들 간의 에너지준위 차가 너무 크다. 그래서 가시광선의 에너지는 흰자 안에 있는 전자들이 흡수하기에 적합하지 않다. 가시광선이 흡수되지 않고 바로 통과하기 때문에 흰자가 투명하게 보이는 것이다. 더 높은 에너지를 갖는 자외선을 비추면 날달걀 속 흰자가 투명하게 보이지 않는다는 점에 주목하자. 이런 종류의 빛은 에너지양이 적절하기 때문에 흡수되는 것이다.

하지만 흰자에 열을 가하면 모든 것이 바뀐다. 섭씨 60도 정도가 되면 알부민 단백질의 구조가 달라지기 시작한다. 섭씨 80도가 되면 흰자 내부의 질서가 완전히 무너진다. 알부민을 구성하는 둥근 아미노산 덩어리에 열이 가해지면 작은 공 형태를 이루고 있던 화학결합들이 끊어지기 시작한다. 그리고 공이 풀려서 생긴 길다란 아미노산 사슬들이 엉키면서 서로 달라붙는다. 그 결과 두 가지 반응이 일어난다. 첫 번째로는 단백질 분자가 서로 달라붙고 엉켜서 자유롭게 움직일 수 없기 때문에 흰자가 불안정한 고체 형

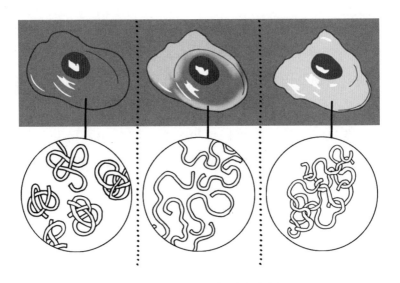

달걀에 열을 가하면 아미노산이 엉킨다.

태로 변한다. 두 번째로는 흰자 안에 있는 전자들의 에너지준위가 바뀌면서 가시광선을 흡수할 수 있게 된다. 이제 가시광선이 흰자에 닿으면 그냥 통과하지 않고 에너지가 흡수되어서 흰자가 불투명해 보이는 것이다.

이 흡수된 에너지가 어떻게 되는지도 생각해볼 만하다. 흡수된 에너지는 전자들이 다시 낮은 에너지준위로 돌아올 때 빛의 형태로 방출된다. 이때 꼭 원래 광선이 향하던 방향으로 방출되는 것이 아니라 사방으로 방출된다. 일부는 흰자 안쪽으로 들어가고 반 이상은 원래 광원을 향해 반사된다. 이 모든 것이 달걀흰자를 불투명한 흰색으로 보이게 만든다.

그렇다면 흰자의 투명성은 투명하게 설명이 되는데(말장난이다) 노른자는 왜 그렇지 않을까? 이 경우에는 전자의 에너지준위보다 조금 덜 복잡한 이유가 있다. 노른자에는 단지 단백질만 녹아 있는 물이 아니라 그 안에 작은 지방 덩어리들도 함께 들어 있다. 따라서 빛이 닿으면 그 덩어리 표면에 반사되어 흩어지는 것이다.

어떤 물질이 투명하기 위해서는 이렇듯 다양한 조건이 필요하니, 투명하다는 것은 정말 놀라운 현상이다. 더구나 유리 같은 고체가 이런 마술을 부리는 것이 얼마나 놀라운지는 두말하면 잔소리다.

훈제 요리는 요리일까

얼마 전 어떤 젊은이가 훈제 연어는 요리라고 할 수 있느냐고 물었다. 나를 포함해 많은 부모들이 화들짝 놀라면서 '그런 거 신경 쓰지 말고 밥이나 먹어라, 유난 떨지 말고'와 같은 대답을 하게 만드는 질문이었다. 그 청년은 그런 어설픈 대답은 용납하지 않겠다는 태도를 지닌 친구였다. 그러니 나 자신의 부족함을 탓하면서, 어떻게 해야 조금 더 만족스러운 대답을 할 수 있을지 고민할 수밖에 없었다.

이 질문에 대한 답은 연어가 아니라 '요리'를 어떻게 정의하는가에 달려 있다. 사전에서는 요리라는 단어를 '열을 가해 음식을 만드는 과정'으로 정의하고 있다. 하지만 어느 정도의 열을 가해 어떤 결과를 얻어야 하는지는 구체적으로 명시하지 않는다. 언어학 보다는 과학에 조금 더 기초해 정의한다면 식품의 보존과 단백질의 변형이 이루어져야 한다는 점이 포함되어야 한다.

가열은 식품을 보존하고 단백질을 변형시키는 가장 간단한 방법이다. 세균을 죽이려면 섭씨 70도 이상의 열이 필요하다. 섭씨 70도는 단백질의 분자구조가 바뀌기 시작하는 온도이기도 하다. 온도가 섭씨 70도보다 높아지면 변성denaturation이라는 과정을 통해 단백질 분자를 이루는 긴 사슬이 풀리기 시작하고, 그 결과 대개 외양의 변화가 일어난다(33쪽, 〈달걀흰자가 불투명해지는 이유〉 참조). 연어의 경우는 진하고 반투명한 분홍색에서 조금 더 밝고 불투명한 분홍색으로 바뀐다.

훈제 연어에는 이러한 색 변화가 일어나지 않으니 요리라고 할 수 없지 않을까? 어쩌면 그렇게 볼 수도 있다. 문제는 가열이 식품을 보존하는 유일한 방식은 아니라는 것이다. 영국에서는 전통적으로 두 가지 과정을 거쳐 훈제 연어를 만들어왔다. 먼저 연어에 소금을 뿌려 24시간 동안 절여둔다. 이렇게 하면 연어에서 다량의 수분이 빠져나와 무게가 10퍼센트 정도 줄어든다. 연어의 살 속으로 스며든 소금이 수분을 빨아들이는 동시에 그 안에 숨어 있을지도 모르는 세균을 거의 대부분 죽인다. 그다음에는 연기가 나오는 방 안에 12시간 동안 매달아둔다. 방 안의 온도는 기껏해야 30도를 넘지 않는다. 향을 내는 것 이외에 연기 자체가 하는 역할은 거의 없다. 연기 속에 포함된 화학물질 일부가 항균 작용을 한다는 증거가 있기는 하지만 말이다. 연기의 역할은 연어의 표면을 말려서 무게를 10퍼센트 정도 더 줄이는 것이다. 이렇게 연기와 소금으로 건조시킨 표면은 세균이 살기 힘든 환경이 되므로 약하게나마 보존 처리가 된 셈이다.

그렇다면 그 젊은 친구가 했던 질문의 답은 무엇일까? 훈제 연어는 약한 열을 가해서 만들며, 생선 안의 단백질은 변성되지 않지만 보존 처리는 된다. 사전의 정의에 따르면 훈제 연어는 요리라고 할 수 있지만, 변성과 보존이 동시에 이루어져야 한다는 조금 더 엄격한 과학적 정의에 따르면 요리가 아니다. 따라서 어설픈 대답을 최대한 피해서 정리하자면, 훈제 연어는 절반만 요리된 음식이다.

차가운 빵은 맛이 없다

냉장 기술은 우리의 식생활과 농업의 형태를 바꾸어놓았다. 음식을 0도보다 조금 높은 온도에서 보관할 수 있게 되면서 세균과 곰팡이의 번식 속도를 늦추고 요구르트부터 닭고기까지 다양한 식품을 더 오랫동안 저장할 수 있게 되었다. 낮은 온도는 식품의 수분이 증발하는 것과 일부 과일이 너무 빨리 익는 것을 막아주기도 한다. 가정의 냉장고와 냉장 차량 덕분에 우리는 계절에 구애받지 않고 다양한 식품을 슈퍼마켓에서 구입해 먹을 수 있다. 하지만 절대로 냉장해서는 안 되는 음식이 있다. 바로 빵이다. 냉동은 괜찮다. 하지만 절대 냉장고에 넣어서는 안 된다.

빵에는 다양한 재료가 들어가는데, 그중에서도 가장 중요한 재료는 밀가루와 물, 효모다. 살아 있는 미생물인 효모는 증식하면서 이산화탄소 거품을 생성해 가볍고 폭신폭신한 빵을 만들 수 있게 해준다. 빵을 냉장하지 말라는 나의 조언과 관련한 재료는 밀가루와 물이다.

여러분도 이미 알고 있겠지만, 밀가루는 밀알을 갈아서 만든다. 밀알은 세 부분으로 나뉜다. 겨bran라고 불리는 씨의 가장 바깥 부분은 섬유질이 풍부하지만 그 외의 성분은 별로 없다. 그 안쪽에는 배아germ가 있다. 씨앗을 심으면 이 부분에서 싹이 트게 된다. 마지막으로 겨 안쪽을 대부분 채우고 있는 것은 약간의 단백질이 함유된 커다란 전분 덩어리다. 통밀가루에는 이 세 가지가 모두 들어가지만 흰 밀가루는 단백질이 든 전분 덩어리만 갈아서 만든다. 흰 밀가루와 물을 섞어서 주무르면 그냥 끈적거리는 덩어리가 아니라 탄력 있는 반죽이 만들어진다. 밀가루 안에 든 글루텐이라는 단백질도 빵을 탄력 있게 만들어주지만, 냉장과는 관계없는 성분이니 여기서는 언급하지 않겠다.

중요한 것은 분쇄해서 밀가루로 만들기 전, 밀알 속 전분의 형태다. 식물의 전분은 글루코오스라는 당분이 긴 사슬 형태로 연결되고 서로 달라붙어 만들어진다. 식물의 씨앗 안에는 저장소 역할을 하는 작은 전분 입자들이 형성되어 있다. 입자 안의 전분들은 규칙적으로 배열되어 있기 때문에 결정구조crystalline structure라고 부른다. 밀가루의 대부분을 차지하는 이 전분 입자를 물과 섞으면 긴 글루코오스 사슬 사이로 물이 이리저리 이동하면서 결정구조가 해체되고, 그 결과 전분 입자가 부풀어 올라 부드러운 젤 형태로 변한다. 옥수수 전분에 끓는 물을 부으면 곧장 찐득찐득한 덩어리가 되는 것을 볼 수 있다. 말로만 들으면 별로 입맛이 당기지 않지만 이 끈적거리는 전분이 빵을 부드럽고 촉촉하게 만든다. 이런 과정을 거쳐 젤라틴화된 전분으로 가득한 부드럽고 맛있는 빵이 완성된다.

이렇게 만든 빵을 식탁 위에 올려놓으면 곧 굳기 시작한다. 빵 안의 수분이 천천히 증발하기 때문이기도 하고, 전분이 천천히 결정 형태로 돌아가기 때문이기도 하다. 후자를 노화retrograding라고 하는데 이 과정이 진행되면 젤라틴화된 전분에서 수분이 빠져나가 설령 빵에 수분이 남아 있다 해도 빵이 딱딱해지고 맛도 없어진다. 여기서 중요한 점은 이 노화의 속도가 영하 8도와 영상 8도 사이에서 급격하게 빨라진다는 것이다. 따라서 온도가 5도인 냉장고 안에 빵을 넣으면 전분이 노화되어 빵이 딱딱해진다. 수분이 증발하는 것을 막기 위해 비닐로 단단히 밀봉해두어도 냉장고에 넣은 빵은 상온에 둔 빵보다 훨씬 더 빨리 굳을 것이다. 수분 함유량에는 거의 변화가 없다 해도 맛이 없어진다.

하지만 너무 걱정할 필요는 없다. 전분은 영하 8도 이하에서는 크게 노화되지 않기 때문이다. 빵의 저장 기간을 늘리고 싶다면 영하 20도 정도에서 얼리면 된다. 냉장고 안에서 굳은 빵, 특히 전분에서 수분이 다 빠져나가지 않았을 때는 살짝 데우면 다시 부드러워지는 경우도 많다. 빵을 오븐에 넣고 5분만 데우면 바삭바삭해질 뿐만 아니라 맛도 좋아진다. 물론 상온에서 보관하면 냉장할 때보다 훨씬 빨리 곰팡이가 생기니, 곰팡이와 딱딱함 중 무엇을 선택할지는 여러분에게 달렸다.

매운 양념들

주방에서 일상적으로 사용하는 양념들 속에는 흥미로운 천연 약물들이 그 모습을 감추고 있다. 약사들이 보기에는 생화학적 작용을 하는 아주 특수한 약물이지만, 요리를 하는 우리에게는 음식에 톡 쏘는 맛을 내주는 양념이 된다.

이러한 약물 중에서는 모든 종류의 고추에 함유되어 있는 캡사이신이라는 성분이 가장 잘 알려져 있다. 고추의 매운 정도는 캡사이신이 얼마나 함유되어 있는가에 달려 있는데, 이것은 1912년 윌버 스코빌Wilbur Scoville이 개발한 스코빌 척도Scoville scale를 통해 측정하고 계량화할 수 있다. 이 방법으로 측정했을 때의 지수는 피망이 0, 할라페뇨 고추가 약 2,500, 스카치 보네트scotch bonnets

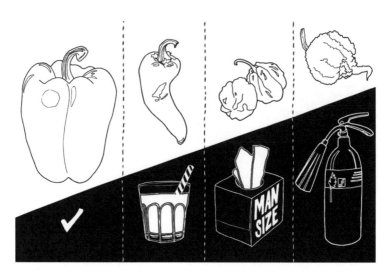

피망, 할라페뇨, 스카치 보네트, 캐롤라이나 리퍼.

고추가 10~35만 정도다.

　하지만 이런 고추들은 진짜 매운 종류와 비교하면 애송이에 불과하다. 현재 세계 기록은 새빨갛고 쭈글쭈글한 모양의 고추인 캐롤라이나 리퍼Carolina Reaper가 보유하고 있다. 이 고추의 매운 정도는 스코빌 단위로 약 200만이 넘는다. 다만 이 지수는 다섯 명의 검사자가 희석한 고추 추출물을 맛보는 방식으로 측정되기 때문에 그 신뢰성이 다소 불확실하다. 다섯 명 중 세 명이 매운맛이 느껴지기 시작한다고 동의할 때의 희석도가 스코빌 지수가 된다. 따라서 누가 검사를 하느냐에 따라 결과가 크게 달라질 수 있다. 다수의 화학 시험 결과를 살펴보면 순수한 캡사이신의 스코빌 지수는 약 1,600만에 달하며, 이것은 고추를 즐겨 먹는 사람들조차 혀를 내두를 정도의 수치다.

고추와 캡사이신의 맛을 묘사할 때 '화끈하다'라는 표현을 사용하는 데는 이유가 있다. 입안과 혀에는 높은 온도를 감지하는 신경세포 말단이 분포하고 있다. 우리는 너무 뜨거운 수프를 먹었을 때 바로 알아차릴 수 있는 이유는 입안을 다치게 할 수도 있는 열을 신경세포들이 감지하기 때문이다.

이 신경세포 말단의 세포막에는 섭씨 43도에서 활성화되는 단백질이 포함되어 있다. 43도 이상이 되면 이 단백질이 깨어나 신경세포막에 구멍을 내는데, 이 구멍 안으로 칼슘 이온이 들어올 수 있게 만드는 것이다. 그 결과 발생한 신경 충동이 곧장 뇌로 전달되어 열과 고통을 느끼게 된다.

이 단백질은 '일과성 수용체 전위 양이온 채널 서브패밀리 V 멤버 1Transient receptor potential cation channel subfamily V member 1'이라는 굉장히 기억하기 힘든 이름을 지녔는데, 흔히 TRPV1이라고 불린다. TRPV1은 열에 의해서도 활성화되지만 캡사이신이 단백질에 부착되었을 때도 동일한 현상이 일어난다. 따라서 고추의 매운맛은 뜨거운 것이 닿았을 때의 감각과 정확히 동일하다. 두 가지 모두 동일한 신경세포가 인식해 발생하기 때문이다.

하지만 매운 양념이 고추만 있는 건 아니다. 후추, 생강, 겨자, 쓰촨 후추Sichuan peppercorn 등도 모두 매운맛을 내지만 그 원인이 되는 화학물질은 각기 다르다. 이 모든 미각을 연결하는 공통점은 바로 우리의 친구 TRPV1 단백질이다. 매운 양념들에는 열 감지 신경을 활성화시키는 물질이 저마다 함유되어 있다. 후추에는 10만 스코빌의 피페린piperine이, 생강에는 6만 스코빌의 진저롤이 들어 있다. 고추냉이와 서양고추냉이horseradish를 포함하는 겨자 종류에는 이소티오시안산 알릴이라는 조금 특이한 물질이 들어 있는데, 이 물질 또한 열을 감지하는 신경을 활성화시킨다. 하지만 휘발성이 훨씬 더 강해서 아주 쉽게 기체화된다. 따라서 겨자를 한 입 먹으면 이소티오시안산 알릴이 기체로 변해 코로 들어가고, 콧속의 열 감지 신경을 활성화시키기 때문에 눈물이 나고 코가 뻥 뚫리는 것이다.

마지막으로 설명할 매운 양념은 더 많은 재주를 지니고 있는 쓰촨 후추다. 아시안 요리에 많이 쓰이며 중국 오향분五香粉의 재료이기도 한 이 양념은 감귤류와 같은 과에 속하는 나무 열매의 껍질을 벗겨 만든다. 이 안에는 하이드록시 알파 산쇼올이라는 화학 물질이 포함되어 있는데, 캡사이신과 같은 매운맛을 내는 동시에 입안을 마비시키는 듯한 얼얼한 감각을 발생시킨다. 매운맛은 우리의 친구 TRPV1이 작용하는 것 때문이지만 얼얼한 느낌이 나는 원인은 아직 확실히 밝혀지지 않았다. 하이드록시 알파 산쇼올이 촉각을 담당하는 신경세포 내의 단백질에 작용하는 것이 원인이지 않을까 생각한다.

아이러니하게도, 요리에 즐겨 사용하는 매운 양념의 원료가 되는 식물들이 이런 화학물질들을 함유하게 된 것은 동물들의 먹이가 되는 것을 피하기 위해 진화한 결과다. 열로 인해 발생하는 고통과 비슷한 감각을 너무 좋아해서 음식에 그토록 많이 활용하는 것은 오로지 인간만이 지닌 괴상한 습성이다.

비스킷인가, 케이크인가

비스킷과 케이크를 구분하는 기준은 무엇일까? 이 질문을 이해하려면 몇 가지를 확실히 짚고 넘어가야 한다. 여기서 내가 말하는 비스킷은 이 맛있는 식품의 영국·아일랜드·유럽 버전을 말하는데, 대서양 반대쪽에서는 쿠키라고 불리는 것이다. 미국이나 캐나다에서 비스킷을 주문하면 아마도 영국인들이 디저트용 스콘이나 코블러cobbler라고 부르는 식품이 나올 것이다. 여러분이 호주에 살고 있다면 내가 말하는 것이 무엇인지 어림짐작으로 알아내야 할 것 같다. 호주에서는 뭐라고 부르는지 모르겠으니 말이다.

비스킷과 케이크를 구분하는 쉬운 방법이 있다. 포장을 뜯어 하루 이틀 정도 조리대 위에 그냥 올려두는 것이다. 케이크라면 말라서 딱딱하고 부서지기 쉽게 변할 것이고 비스킷이라면 눅눅해질 것이다. 믿을 수 없을 정도로 간단한 이 테스트의 핵심은 케이크와 비스킷을 하나로 묶는 심오한 과학적 원리에 있다.

케이크의 구조는 기초가 되는 밀가루와 이것을 고정시켜주는 달걀, 그 안의 거품(26~28쪽 참조)으로 이루어진다. 케이크 반죽을 구우면서 열을 가하면 달걀 내부의 단백질 분자구조가 풀려서 엉키는데, 이때 액체였던 달걀이 유연한 고체로 변하고, 바로 이것이 케이크를 부드럽게 만들어준다. 고체화된 달걀이 유연하고 탄력 있는 건 물 분자 덕분이다. 흐트러진 달걀 단백질이 고체로 변화하면서도 돌처럼 딱딱해지는 않을 정도로만 반응하게 해주기 때문이다. 케이크에서 수분이 증발하면 달걀 내부의 구조가 더욱더 견고하게 결합되어 케이크가 단단해지고 부서지기 쉽게 변한다.

케이크와 달리 비스킷은 지방과 설탕으로 이루어져 있다. 물론 달걀을 넣어 만드는 비스킷도 있지만 그래도 설탕이 높은 비율로 들어간다. 비스킷 반죽을 오븐에서 구우면 그 안의 설탕 알갱이들이 녹아서 한 덩어리로 흐른다. 그래서 오븐에서 갓 꺼낸 비스킷은 부드럽고 잘 휘어지지만, 식히면 녹았던 설탕이 결정화되면서 단단해진다. 이때 공기 중의 수분을 흡수하지 않도록 밀폐 용기에 비스킷을 담아두면 문제가 없다. 하지만 아주 소량의 수증기에만 노출되어도 결정화되었던 설탕이 수분을 흡수해 조금씩 녹게 되는데, 이때 설탕의 강도가 약해지면서 비스킷이 바삭함을 잃고 물러진다.

케이크와 비스킷을 확실하게 정의하는 것이 그다지 중요한 일처럼 느껴지지 않을지도 모른다. 하지만 이 두 가지의 의미를 구분하는 일에 거액의 돈이 달려 있다. 영국에서는 어떤 슈퍼마켓이나 편의점에 가더라도 '자파 케이크Jaffa Cake'를 살 수 있다. 자파 케이크는 64밀리미터짜리 원반형 스펀지케이크 위에 조금 더 작은 원반형의 오렌지맛 젤리를 올리고 맨 위에 다크 초콜릿을 듬뿍 입혀 만든 과자다. 이 과자는 워낙 맛있기 때문에 일단 한번 뜯으면 순식간에 사라져버릴 정도다. 반쯤 남은 자파 케이크가 목격되었다는 소문도 있지만 확실한 증거는 없다. 여기서 중요한 질문은 바로 이것이다. 자파 케이크는 비스킷인가, 케이크인가?

영국에서는 케이크 판매에 부가가치세가 붙지 않는다. 비스킷에도 마찬가지다. 단, 초콜릿을 입힌 비스킷에는 부가가치세가 붙는다. 이런 법이 왜, 어떻게 만들어졌는지는 이 책에서 논할 문제가 아니다. 자파 케이크가 케이크로 분류된다면 부가가치세가 붙지 않지만 비스킷이라면 초콜릿이 입혀져 있기 때문에 부가가치세가 붙는다. 문제는 자파 케이크가 포장도, 먹는 방식도 비스킷과 비슷하고 슈퍼마켓에서는 비스킷과 나란히 진열된다는 점이다. 하지만 이것은 분명히 스펀지케이크 위에 '기막히게 맛있는 오렌지맛 젤리'를 올리고 다크 초콜릿을 입힌 것이다. 자파 케이크를 사랑하는 사람들에게는 참으로 다행인 일이 있었다. 지난 1991년, 영국 법원은 자파 케이크가 과거에도 그랬고 앞으로도 언제나 케이크일 것이라고 판결했다. 제조사 측이 자파 케이크를 공기 중에 놓아두면 단단해진다는 사실을 제시한 것이 결정적인 근거가 되었다. 나는 이것이 매우 흥미로운 연구 소재라고 생각한다. 근처에 자파 케이크가 보일 때마다 순식간에 사라져버린다는 사실만큼이나 말이다.

병, 와인, 그리고 산소

와인 전문가들은 다양한 와인 맛의 분류를 예술의 경지로까지 끌어올렸다. 하지만 그 모든 세심한 분류와는 상관없이, 병을 따는 단순한 행위만으로도 와인 맛에 커다란 영향을 미칠 수 있다. 와인은 산소와 복잡한 관계를 맺고 있다. 와인 생산 단계에서 산소는 필수 요소이지만, 와인이 소비자의 손에 들어가면 산소는 피해야 할 것이 된다. 와인이 산소와 만나는, 즉 산화되는 가장 흔한 방법은 반쯤 마시고 남은 병을 며칠 동안 놓아두는 것이다. 그러면 와인은 과일 향을 잃고 밍밍하게 변한다. 화이트 와인은 특히 이렇게 되기 쉬운데, 먼저 호박색으로 변하면서 셰리주 같은 향이 나고, 심한 경우에는 살짝 식초 냄새까지 풍기게 된다. 레드 와인은 변질되기까지 시간이 조금 더 오래 걸리지만 시간이 지나면 선명한 보라색에서 조금 더 어두운 갈색으로 변하면서 쌉쌀한 맛이 나다가 결국 신맛으로 바뀐다.

이 모든 변화는 와인 병을 따는 순간부터 시작된다. 그전까지는 밀폐된 와인 병 안에 소량의 공기, 그리고 그보다 더 적은 양의 산소가 들어 있을 뿐이다. 하지만 병을 따고 잔에 따르는 순간, 충분한 양의 산소와 접촉하게 되면서 산화가 시작된다. 시간은 흐르고, 이제 여러분의 와인이 변질되는 것은 막을 수 없다.

와인의 성분 중 산소와 주로 반응하는 것은 페놀phenol이라는 화합물이다. 페놀은 종류가 다양한데, 복잡한 구조의 페놀과 단순한 구조의 페놀로 나눌 수 있다. 복잡한 구조의 페놀이 산화하면 오히려 좋은 결과를 가져온다. 특히 레드 와인에 함유되어 있을 경우 그렇다. 톡 쏘는 맛을 부드럽게 해주기 때문이다. 따라서 레드 와인은 공기와 잠깐 접촉하게 놓아두는 것도 괜찮다. 그러면 페놀의 일부가 산화되어 와인이 조금 더 풍부하고 부드러운 맛을 내게 된다. 레드 와인에서 산화가 일어나도 변질이 덜 되는 이유는 산소와 반응하는 성분이 복잡한 구조의 페놀이기 때문이다. 단순한 구조의 페놀일 경우 산화의 결과는 그리 좋지 못하다. 이는 반응성이 굉장히 높은 화학물질인 과산화수소를 생성하기 때문이다. 이 물질은 와인 내의 알코올을 공격해 셰리주와 같은 향을 내는 아세트알데히드로 변화시키고, 그다음에는 아세트산으로 바꾸어놓는다. 아세트산은 식초의 화학 명칭이다.

지금까지 설명한 현상들은 모두 산화가 원인이다. 사람들이 흔히 잘못 알고 있는 것과 달리 와인의 '코르크화'와는 전혀 다른 것이다. 코르크화된 와인에는 트리클로로아니솔trichloroanisole이라는 성분이 들어 있다. 이 성분 때문에 와인에서 곰팡이 냄새, 혹은 땀에 젖은 스포츠 양말을 2주 정도 묵힌 냄새 등으로 묘사되는 불쾌한 냄새가 나게 된다. 어느 쪽이든 기분 좋은 향은 아니며, 매우 확실하게 맡을 수 있다. 트리클로로아니솔은 병마개의 원료인 코르크나무 껍질에서 곰팡이류에 의해 생성되며, 마개를 통해 와인 안으로 들어간다. 다만 와인 안에 코르크 가루가 떠다닌다고 해서 반드시 코르크화된 것은 아니다. 단지 마개를 딸 때 부서져 나온 것일 수도 있다.

와인을 일단 따면 산화를 완전히 막는 것은 불가능하다. 그러나 속도를 늦출 수는 있다. 와인 애호가들이 이 문제를 해결하도록 도와주는 여러 도구가 있다. 가장 많이 쓰이는 방법은 고무마개와 작은 수동 진공 펌프를 이용해 병 안의 공기를 제거하는 것이다. 병 안에 공기가 없으면 산소도 없으므로 산화도 일어나지 않는다. 다만 펌프질을 너무 열심히 하다 보면 와인 안에 용해된 기체들이 빠져나가 맛에 영향을 미칠 수 있다. 또 다른 방법은 남은 와인을 작은 병이나 비닐 파우치에 옮겨 담는 것이다. 공기의 양을 줄여 와인에 닿는 산소의 양도 줄이는 방법이다. 하지만 다른 용기로 옮겨 담는 동안에 이미 와인을 변질시키기에 충분한 산소와 접촉하게 된다고 말하는 전문가들도 있을 것이다.

알고 보면 가장 전통적인 방법이 가장 믿을 만할지도 모른다. 와인 병의 코르크 마개를 다시 막은 후 냉장고 안에 보관하는 것이다. 코르크 마개는 산소가 더 들어가는 것을 막아주고, 낮은 온도는 모든 화학반응의 속도를 늦춘다. 이렇게 보관하면 화이트 와인은 산화되기까지 4~5일 정도 걸리며 레드 와인은 일주일 이상도 괜찮다. 물론 이 방법은 차갑게 마시는 화이트 와인에 더 적합하고, 대부분의 레드 와인에는 적합하지 않다.

와인은 다양한 성분이 놀라울 정도로 복잡하게 섞여서 맛을 낸다. 와인의 각기 다른 독특한 향은 대개 산소가 없는 환경에서 극도로 까다로운 화학적 과정을 통해 만들어진다. 따라서 산소 같은 반응성 높은 분자가 아주 소량만 첨가되어도 쉽게 변질되는 것은 당연한 일이다. 하지만 와인 산화를 막을 수 있는 가장 확실한 방법이 한 가지 있다. 일단 한번 딴 와인은 남기지 않고 그 자리에서 전부 마시는 것이다.

양파 속의 최루 물질

양파는 인류가 아주 오래전부터 재배해온 채소다. 고대 그리스와 로마의 문헌에도 언급되며, 5천 년 전 이집트인들은 미라를 만드는 의식에 양파 씨를 사용하고 무덤 벽에 양파를 그려 넣었다. 더 오래전인 청동기시대 초기까지 거슬러 올라갈 수도 있다. 7천 년 된 팔레스타인의 유적에서 양파의 흔적이 발견되기도 했다. 수천 년이나 경작해왔으니 양파를 다룰 때의 기본적인 문제점을 해결하는 방법도 터득했을 법하다. 눈물 말이다.

칼을 들고 양파를 썰어보자. 이때 유난히 크기가 큰 양파의 세포들이 잘려서 열린다. 양파의 세포 안에 들어 있는 화학물질 두 가지는 평소 서로 다른 구획 안에 들어 있어 접촉할 일이 없는데,

세포가 잘릴 때 이 구획이 끊어지면서 서로 섞이게 된다. 첫 번째 물질은 단백질의 구성 성분인 아미노산으로 황, 산소 원자와 연결되어 있다. 황과 연결된 아미노산이 알리이나아제alliinase라는 효소와 만나면 반응성이 굉장히 높은 술펜산sulphenic acid이라는 물질이 생성된다(알리이나아제의 스펠링이 이상해 보이겠지만 정확하게 쓴 것이다. 이유는 알 수 없지만 양파속屬 식물의 화학 명칭인 알리움allium에서 유래된 이 효소의 이름에는 i가 하나 더 들어간다).

화학작용은 술펜산의 생성에서 끝나지는 않는다. 두 번째 효소가 개입한다. 거창한 이름을 가진 최루 물질 합성 효소lachrymatory factor synthase가 술펜산에 작용해서, 이미 짐작했겠지만 신-프로판티알-S-옥사이드syn-propanethial-S-oxide라는 최루 물질을 생성한다. 아무래도 그냥 최루 물질이라고 부르는 것이 좋을 것이다. 휘발성이 매우 강한 이 최루 물질이 기체로 바뀌어 눈에 들어가면 눈물겨운 결과를 맞게 되는 것이다.

우리 눈 앞쪽의 투명한 부분인 각막에 감각신경 말단이 분포해 있다는 이야기를 들으면 놀랄지도 모른다. 이 신경은 섬세한 각막에 무언가가 닿으면 바로 감지하는 역할을 한다. 이때 우리는 무의식적으로 눈을 깜박이며, 자극 물질을 씻어내기 위해 눈물을 생성하게 된다. 최루 물질은 이 신경 말단에 달라붙어 무언가 뜨거운 것이 각막에 닿았다는 거짓 감각을 느끼게 만든다. 실제로 뜨겁지 않은데도 우리는 타는 듯한 고통을 느끼며 눈물을 흘리기 시작한다. 그럴듯하게 말하자면 '최루'가 발생하는 것이다. 동일한 반응을 유발하는 화학물질은 여러 가지가 있다. 캡사이신이 그 예다(46쪽 참조). 하지만 이런 반응을 일으키는 기체를 생성하는 것은 양파 종류뿐이다.

눈물이 나는 현상의 원인은 확인했다. 하지만 설명되지 않는 것이 하나 있다. 양파는 이런 복잡한 화학작용의 사슬을 도대체 왜 내부에 숨겨놓았을까? 이것을 이해하려면 식물학과 동물의 초식에 대해서 알고 있어야 한다. 양파는 2년생 식물이다. 첫 해에는 씨에서 싹이 나와 두껍지만 속이 빈 녹색 잎으로 자라난다. 그 과정에서 이 잎의 아래쪽에 영양분의 저장소가 만들어지고, 부풀어 오른 잎이 양파의 구근을 이룬다. 이 구근이 겨울과 봄에 싹을 틔워 꽃과 잎이 더욱 무성해진다. 꽃은 씨를 만들고, 다시 같은 주기가 시작된다. 확실히 양파의 입장에서는 에너지원이 가득 저장된 구근이 겨울 동안 땅속에서 안전하게 지내는 것이 매우 중요하다. 그렇기 때문에 불쾌한 화학물질들을 발생시키도록 진화한 것이다. 초식동물이 양파의 구근을 씹으면 최루 물질이 생성되어 눈이 타는 듯 뜨거워지기 때문에 그 이후로는 건드리지 않게 된다.

양파에게는 불행한 일이지만 최루 물질의 일부는 양파 안에 남아서 분해되면서 좋은 맛을 낸다. 인간은 별난 존재들이라 이 맛을 느끼기 위해 고통도 참고 견딘다.

우리는 양파에 아주 관심이 많다. 따라서 눈물을 막는 방법에 관한 근거 없는 믿음이 수없이 존재한다. 양파를 썰 때 나무 스푼을 입에 물라는 등의 괴상하고 쓸모없는 방법부터 흐르는 물 아래

에서 양파를 썰면 된다는 매우 불편한 방법까지 다양하다. 하지만 제법 과학적인 해결책도 몇 가지 있다. 우선 최루 물질이 눈에 닿지 않도록 수영용 고글을 쓰면 눈물이 나는 걸 막을 수 있다. 좀 바보 같아 보이는 모양새가 마음에 들지 않는다면 창문을 열거나 선풍기를 틀어서 바람으로 최루 물질을 날려버리면 된다. 양파를 써는 것이 일상인 요리사들은 더 간단한 방법으로 해결한다. 양파를 빨리 써는 것이다. 화학작용이 시작되어 최루 물질이 생성되는 데는 약 30초가 걸린다. 아주 날카로운 칼과 요리사의 숙련된 기술이 있다면 30초 안에 모든 일을 끝낼 수 있다. 썰어놓은 양파는 기름을 두른 프라이팬에 재빨리 넣어 요리해야 한다. 양파를 아무리 빨리 썰더라도 조리대 위에 그냥 놓아두면 최루 물질이 잔뜩 생성된다.

눈물 문제에 대한 과학적 해결책이 하나 더 있다. 2008년, 뉴질랜드의 생물학자 콜린 이디Colin Eady와 그의 팀원들은 양파를 유전적으로 변형시켜 최루 물질 합성 효소의 생산을 차단하는 방법을 찾아냈다. 효소가 없으면 최루 물질도 생성되지 않고, 따라서 눈물도 나지 않는다. 또한 이들은 최루 물질을 생성하지 않기 때문에 양파 내부에 맛을 내는 화학물질들이 그대로 남아 양파가 더 맛있어진다고 주장했다. 아직은 초기 단계이므로 진짜 눈물이 나지 않는 양파를 슈퍼마켓에서 구입할 수 있으려면 몇 년 더 기다려야 할 것이다. 그때까지는 계속 고글을 쓰고 바람을 쐬면서 재빨리 양파를 써는 방법밖에 없다.

두 번째 문

가전제품과
주방용품의 과학

식탁 위를 바꾸어놓은 발명품

냉장 기술은 음료수를 차갑게 유지하도록 해주었을 뿐만 아니라 서양 음식 문화의 기초가 되었다. 우리에게 꼭 필요한 음식을 예로 들어보자. 바로 먹을 수 있게 나온 샐러드 팩도 그중 하나다. 녹색 채소들을 포장해놓은 그 훌륭한 팩이 없었다면 우리는 늘어져서 흐물흐물해진 상춧잎만을 먹어야 했을 것이다. 샐러드 팩을 냉장고에 넣지 않으면 며칠도 안 지나서 검은색의 끈적끈적한 덩어리로 변해버린다. 굉장히 놀랍고도 마술 같은 변화이기는 하지만, 중요한 건 따로 있다. 경수채mizuna와 로켓rocket leaves 샐러드를 냉장실에 보관하면 세포 분해와 세균 성장을 늦출 수 있다. 냉장하지 않으면 수확해서 씻고 비닐에 넣어 운반하는 과정에서 이미 검은색 덩어리로 변해버릴 것이다. 물론 샐러드 팩만 냉장이 필요한 건 아니다. 냉장고가 없다면 슈퍼마켓의 진열대 절반은 비어버릴 것이다. 영국과 미국에서 가장 인기 있는 과일은 바나나인데, 섭씨 13도에서 보관할 수 있는 이동 수단이 없다면 열대지방에서 자라는 바나나는 영국에 도착하기 몇 주 전에 이미 검은색 덩어리로 변해 있을 것이다.

낮은 온도를 이용해 식품의 저장 기간을 늘리는 방법은 수 세기 전부터 알려져 있었다. 냉동 치킨을 처음으로 발명한 사람은 위대한 프랜시스 베이컨(20세기의 화가가 아니라 17세기 초의 학자를 말한다)이라고 전해진다. 베이컨의 업적이 그것만 있는 것은 아니지만, 냉장에 관해서는 유일한 업적이기는 하다. 1626년 초봄, 런던 북부의 하이게이트로 가던 길에 베이컨은 내장을 뺀 닭고기를 산 후 그 안에 눈을 채웠다. 이 방법으로 그는 식품을 냉장하면 오랫동안 신선하게 보관할 수 있다는 사실을 증명했다. 불행하게도 이 무모한 장난은 즉흥적으로 이루어진 실험이었고, 베이컨은 차가운 눈을 들고 가기에 적당한 옷을 입고 있지 않았던 모양이다. 그는 감기에 걸렸고, 감기는 폐렴으로 발전했다. 결국 베이컨은 얼마 후 하이게이트에서 사망했다. 과학을 위해 목숨을 바친 셈이다. 안타깝게도 오븐에 넣어 굽기만 하면 되는 세계 최초 냉동 치킨의 운명은 역사에 기록되어 있지 않다.

냉장고의 차가운 온도는 증발냉각evaporative cooling이라는 간단한 과학적 현상에서 일어난 결과다. 샤워를 하고 나오면 잠깐 멈추어 서서 왜 이렇게 추운지를 한번 생각해보기 바란다. 옷을 벗고 샤워하러 들어갈 때는 그렇게 춥지 않았다. 그렇다면 왜 밖으로 나왔을 때 더 춥게 느껴지는 것일까? 방이 더 추워진 것이 아니라 피부의 수분이 증발하면서 체온을 낮추기 때문이다. 이것은 1756년, 윌리엄 컬런William Cullen이라는 스코틀랜드인이 사물을 차갑게 만드는 방법을 주제로 한 공개 강의에서 처음 증명한 효과다. 장소가 스코틀랜드 에든버러였기 때문에 청중들은 아마도 추위라는 주제에 익숙했을 것이다. 이 강의에서 컬런은 디에틸에테르diethyl ether라는 액체를 증발시키면 얼음을 얼릴 수 있을 정도로 온도가 내려간다는 사실을 보여주었다. 그가 디에틸에테르를 사용한 이유는 이 물질의 끓는점이 35도로 매우 낮기 때문이었다. 이는 인간의 체온인 37도보다 낮은 온도다. 전해지는 바에 따르면 컬런의 강의는 인기가 많았지만 그가 만든 얼음이 발명의 불꽃으로 이어지지는 못해서 그 후 이 원리를 이용한 기계가 만들어지기까지는 무려 150년이나 걸렸다.

여러분 집에 있는 냉장고 안에도 똑같은 원리가 적용되고 있다. 컬런의 실험이 실용화된 것이다. 냉장고 내부의 관 안에서 냉매라고 불리는 특수한 액체가 증발하면 온도가 내려가고, 응축되면 온도가 올라간다. 이 냉매는 컬런의 디에틸에테르와 같은 역할을 한다. 증발이 일어나는 장소는 냉장고 내부 뒤쪽에 있는 판이다. 이 판의 관 안에서 냉매가 냉장고 안의 열을 흡수해 기체로 바뀌면서 냉장고를 차갑게 만든다. 기체가 된 냉매는 냉장고 뒤쪽의 금

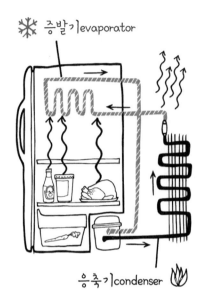

증발기|evaporator

응축기|condenser

속 그릴로 전달된다. 이것이 무엇인지는 여러분도 알고 있을 것이다. 이 그릴 위에는 대개 먼지가 가득 쌓여 있고, 냉장고 뒤로 떨어진 물건들이 걸려 있다. 만지면 매우 뜨거운 이 그릴 안에서는 반대 작용이 일어난다. 기체였던 냉매가 다시 액체로 바뀌면서 에너지를 방출한다. 열 형태로 방출된 이 에너지는 냉장고 뒤쪽의 공기 중으로 흩어진다.

이러한 시스템을 만들려면 냉매가 여러 관을 통해 순환하도록 하면 된다. 서로 다른 직경의 관을 연결해 밀폐된 시스템 안에 압력이 서로 다른 구역들을 만들면 냉매가 해당 구역 안에서 증발되거나 응축되도록 할 수 있다. 관의 배치와 사용하는 냉매는 바뀌더라도 과학적 원리는 모두 똑같다. 백 년 넘게 거의 바뀌지 않고 유지되고 있는 놀랍도록 간단한 시스템이다.

그럼 성능이 더 좋은 냉장고를 만드는 것도 가능할까? 다른 종류의 냉각 기술을 사용할 수도 있다. 예를 들면, 펠티에 효과Peltier effect를 이용하면 전기를 변환해 곧장 온도 변화를 일으킬 수 있다. 하지만 효율적이지 못해서 아주 작은 냉장고를 만들 때만 활용할 수 있다. 냉장고의 효율을 높이는 방법도 몇 가지 있다. 첫 번째, 냉장고를 열지 않는다. 실용적인 조언은 되지 못하겠지만 냉장고 문을 열 때마다 차가운 공기가 냉장고 밖으로 빠져나오면서 따뜻한 공기로 대체되기 때문이다. 실현 가능성이 조금 더 높은 방법은 냉장고 안을 가득 채워두는 것이다. 그러면 냉장고 문을 열 때 빠져나가는 공기가 줄어들기 때문에 내부가 더 차갑게 유지된다. 마지막으로 정말 의욕이 넘친다면 폴리스티렌 시트를 사용해 냉장고를 단열 처리하는 방법이 있다. 이렇게 하면 냉장고 안으로 열기가 들어가는 것을 막고 냉장고가 사용하는 에너지를 반으로 줄일 수 있다. 단, 주의할 점이 있다. 이 방법을 시도할 때는 냉장고 뒤쪽의 따뜻한 관들은 덮지 않도록 하라. 그러면 열을 분산시킬 수 없게 된다.

화려하거나 근사한 발명품은 아니지만 나는 냉장고와 그 사촌 격인 냉동고야말로 서구 세계의 식단에 그 어떤 발명품보다도 커다란 영향을 미쳤다고 생각한다.

칼로리의 대혼란

나의 왼손에는 아직 뜯지 않은 잼 샌드위치 크림 비스킷이 놓여 있다. 포장지에 적힌 영양 정보에 따르면, 이 맛있는 비스킷 하나의 열량은 75킬로칼로리, 즉 75,000칼로리다. 하지만 같은 비스킷에 312킬로줄kj이 함유되어 있다고도 적혀 있다. 게다가 더 헷갈리는 건 바로 그 위에 비스킷 하나당 열량이 75칼로리라고 적혀 있다는 점이다. 대체 이게 다 무슨 뜻일까?

킬로칼로리, 킬로줄, 칼로리는 모두 하나의 비스킷이 함유하고 있는 에너지의 양을 각각 다른 단위로 표현한 것이다. 국제단위계 International System of Units(78쪽 참조)가 공식적으로 정한 에너지의 단위는 줄joule이다. 다방면에 뛰어났던 과학자 제임스 프레스콧

줄James Prescott Joule의 이름에서 따온 것이다. 문제는 에너지의 형태가 다양하고, 측정 단위가 각기 다르다는 점이다. 전기에너지의 단위는 킬로와트시kilowatt-hour이고, 기체에 포함된 에너지의 단위는 섬therm이다. 자동차와 난방 시스템의 에너지를 측정할 때는 각각 마력시horsepower-hours와 영국 열량 단위British thermal unit가 사용된다. 내가 가장 좋아하는 단위는 듣기에도 멋진 에르그erg다. 에르그는 1873년, 영국 과학발전 협회British Association for the Advancement of Science가 채택하였으며, 지금은 사용되지 않는 센티미터-그램-초 단위계에 포함되어 있었다. 슬프게도 이 센티미터-그램-초 단위계가 훨씬 합리적인 미터-킬로그램-초 단위계로 바뀔 때 에르그도 덜 멋지게 들리는 줄로 교체되었다.

식품의 경우는 칼로리와 줄, 두 가지 단위를 사용한다. 식품에 함유된 에너지양은 원래 밀폐된 용기 안에서 그 식품을 완전히 태웠을 때 소량의 물의 온도가 얼마나 올라가는지를 측정해서 정해졌다. 이렇게 해서 나온 단위가 칼로리다. 1824년, 물 1그램의 온도를 정확히 1도 올리는 데 들어간 열에너지양을 1칼로리로 정의했다. 1킬로칼로리는 1,000그램 또는 1리터의 물을 1도 높이는 데 필요한 열량이다.

하지만 오늘날에는 식품의 에너지양을 보통 이렇게 측정하지 않는다. 식품에 함유된 에너지를 측정하려고 말 그대로 식품을 태우는 대신 요즘은 애트워터 계수Atwater system라는 것을 사용한다. 먼저 식품에 함유된 단백질, 지방, 탄수화물의 양을 각각 측정한다. 그리고 식품 전체에 함유된 에너지는 단백질, 지방, 탄수화물의 평균 열량을 사용해 계산한다. 나의 손에 들린 비스킷은 1그램당 4킬로칼로리를 내는 탄수화물 10그램을 함유하고 있다. 이 비스킷의 열량 중 40킬로칼로리는 탄수화물이 발생시킨다는 뜻이다. 그밖에도 1그램당 4킬로칼로리의 단백질 1그램, 1그램당 9킬로칼로리의 지방 3~4그램이 함유되어 있다. 이걸 다 곱하고 더하면 비스킷 하나당 약 75킬로칼로리라는 결과가 나오는 것이다.

안타깝게도 칼로리는 다소 작은 에너지 단위다. 우리가 먹는 대부분의 음식에는 수천 칼로리가 함유되어 있다. 지금 내가 들고 있는 비스킷에만 75,000칼로리, 즉 75킬로칼로리가 들어 있다. 여기서부터 혼란이 시작된다. 아주 적은 양의 식품이 아닌 이상 거의 모든 식품의 열량을 킬로칼로리로 측정하기 때문에 식품업계에서는 킬로칼로리를 그냥 칼로리라고 부르는 게 일반화되었다. 게다가 표기에 일관성도 없다. 그래서 비스킷의 열량이 75칼로리와 75킬로칼로리 모두로 표기되어 있는 것이다. 에너지양을 조금 더 과학적인 단위인 줄로도 표시하는 유럽에서는 상황이 더욱 복잡하다.

칼로리, 킬로칼로리, 줄 등 헷갈리는 단위를 하나로 통일한다면 훨씬 간단할 것이다. 어떤 것이 나을지는 잘 모르겠다. 과학자의 입장에서는 줄을 쓰고 싶다. 국제단위계의 공식 에너지 단위이기 때문이다. 하지만 칼로리가 훨씬 실용적인 단위이기는 하다. 물 1그램을 1도 올리는 데 필요한 열량이 1칼로리라는 정의는 직관적으로도 이해하기 쉽다. 우리가 먹는 음식의 에너지 함유량을 쉽게 이해할 수 있게 해주는 이 단위는 서구식 식단의 중요 쟁점이 되었다. 다만 최소한 킬로칼로리를 칼로리라고 부르는 관행은 사라져야 한다.

하지만 정말 걱정되는 문제는 따로 있다. 나는 이 글을 쓰면서 포장을 뜯은 비스킷 두 개의 열량이 상온에서 물 2리터의 온도를 거의 끓는점까지 올릴 수 있을 정도라는 사실에 굉장히 불안해졌다. 나머지 비스킷들도 처음 꺼낸 두 개처럼 되기 전에 아무래도 비스킷 봉지를 치우는 것이 좋겠다.

차를 흘리지 않고 따르는 법

나를 비롯한 영국인들에게 차를 마시는 것은 문화의 일부다. 차를 따를 때 찻주전자 주둥이 아래쪽으로 차가 흐르는 문제에 대해서도 당연히 관심이 많을 수밖에 없다. 하지만 이 문제에 관한 중요한 연구 결과는 프랑스 리옹대학교의 과학자들로부터 나왔다. 그들은 차가 새는 찻주전자에는 유체역학만으로는 예측할 수 없었던 특징들이 있다는 사실을 발견했다(그전에는 아무도 굳이 관찰한 적이 없었기 때문이겠지만 말이다).

기존의 상식에 따르면 다량의 액체(이를테면 한 잔 분량의 차)가 관(이를테면 찻주전자의 주둥이)을 통해 흐를 때 관 표면의 성질은 중요하지 않아야 한다. 하지만 우리는 찻주전자를 사용할 때 이것이 중요하다는 것을 알고 있다. 찻주전자 주둥이에서 차가 샐 때 전통적으로 사용하던 방법은 주둥이 끝에 버터를 약간 바르는 것이었다. 나는 늘 이것이 바보 같은 방법이라고 생각했다. 버터가 들어간 차를 마시느니 차라리 차의 절반을 흘리는 게 낫다고 생각하기 때문이다. 분명한 것은 차가 흐르느냐 혹은 흐르지 않느냐에 찻주전자 주둥이 표면이 중요한 영향을 미친다는 사실이다.

프랑스 연구팀은 이 현상에 세 가지 요소가 작용한다는 사실을 발견했다. 첫 번째는 액체가 흐르는 속도다. 액체가 빨리 흐를수록 새는 현상이 줄어든다. 차를 천천히 조심스럽게 부으면 찻주전자 주둥이 아래로 더 많은 양이 새는 것도 같은 이유다. 두 번째는 찻주전자 주둥이의 곡률 반경이다. 굵고 부드러운 곡선형 주둥이를 가진 도자기 주전자보다는 주둥이가 가늘고 끝이 날카로운 주전자에서 차가 덜 샌다. 따라서 차를 따르기에는 대개 금속 찻주전자가 더 낫다. 마지막으로 주둥이 재질이 발수성 물질이면 새는 현상이 없어진다. 버터를 바르는 이유도 이것으로 설명할 수 있다.

이 세 가지 효과가 결합해 차가 찻주전자 주둥이 아래로 흐르게 된다. 먼저 주전자 주둥이로 차가 나올 때 소량의 액체가 주둥이 입구에 달라붙는다. 입구 재질이 발수성이 아니라면 차가 더 잘 달라붙어서 물줄기를 입구 아래쪽으로 끌어당긴다. 끌어당겨지는 물줄기량은 접촉각에도 좌우되는데, 이것은 입구의 굴곡과 굵기에 의해 결정된다. 이러한 요소들이 함께 작용해 끌어당겨진 물줄기가 주둥이 아래쪽에 달라붙으면서 차가 새게 된다. 차가 흐르는 속도가 빨라지면 이러한 효과도 차의 방향을 바꾸기에는 부족해지기 때문에 차가 새지 않거나 적어도 새는 양이 줄어든다.

하지만 차가 새는 현상의 유체역학적 원인을 이해한다고 해서 여러분이 가진 찻주전자의 문제를 해결하는 데 큰 도움이 되지는 않는다. 차를 더 빨리 따르는 방법도 있지만, 내가 경험한 바로는 이렇게 할 경우 잔이 넘쳐 탁자 위에 쏟는 양이 더 많아진다. 내가 중국 식당에서 본 또 다른 해결책은 찻주전자 입구의 굵기를 바꾸는 것이다. 주둥이 위에 짧은 플라스틱 관을 씌우고 끝을 비스듬히 잘라내면 가늘고 끝이 날카로우며 발수성이 더 높은 새로운 주둥이가 만들어진다. 물론 보기에는 좋지 않으며, 근사한 찻주전자의 디자인을 망치게 된다.

어떤 방법도 통하지 않을 때는 초소수성(물과 섞이지 않는 성질) 물질을 주둥이 입구에 바르면 된다. 버터를 바르는 방법도 좋지만 이렇게 하면 차 위에 기름이 뜬다. 초소수성 물질의 종류는 다양하지만 안타깝게도 값이 나가고 구하기도 어렵다. 한 가지 예외는 그을음soot이다. 예를 들어 촛불의 그을음을 칠하면 물방울이 표면을 적시지 못하고 그냥 굴러떨어진다. 찻주전자 주둥이를 촛불 위에 갖다 대고 있다가 주둥이가 까매지면 입구 내부의 아래쪽만 제외하고 그을음을 닦아낸다. 이렇게 하면 차가 새지 않는다. 물론 차 안에 그을음이 살짝 떨어지겠지만 그래도 버터보다는 나을 것이다.

주방 저울과 킬로그램

내가 생각하기에 주방용 디지털 저울은 21세기가 인류에 가져다 준 가장 훌륭한 선물 중 하나다. 공간을 거의 차지하지 않으면서 사용하기도 쉽고 야드파운드 단위와 미터 단위로 모두 측정할 수 있다. 어떤 크기의 그릇을 위에 올려놓고 영점을 맞추어도 언제든 거의 정확한 결과를 알려준다.

그런데 저울 위에 치즈 덩어리 하나를 올려놓았을 때 153그램으로 표시되면 정말 153그램이 확실한 걸까? 저울 또는 그 설명서를 자세히 보면 정확도가 나와 있을 것이다. 나의 저울은 오차 범위가 5그램이라고 나와 있다. 따라서 치즈 덩어리의 실제 무게는 148그램에서 158그램 사이일 것이다. 요리할 때 이 정도 차이는

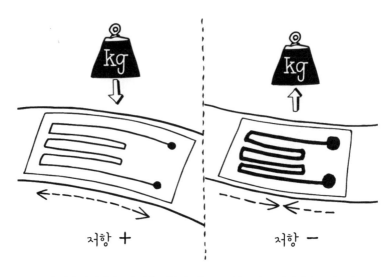

저항 ＋　　　　　　　저항 －

스트레인 게이지의 금속박은 저울이 받는 무게에 따라 늘어나거나 줄어든다.

크게 문제되지 않겠지만, 이 오차 범위의 정확성은 신뢰할 수 있
는 것일까? 무언가의 무게를 100퍼센트 정확하게 측정하는 것이
가능하기는 할까? 정답은 '그렇다'다. 하지만 세상에 단 하나뿐인
작은 물건으로만 가능하다.

　내가 가진 저울은 극동 지방 어딘가에서 만들어졌다. 저울 안
에는 스트레인 게이지strain gauge라는 것이 있다. 저울 위에 올라온
무게를 전기신호로 바꾸어주는 장치다. 스트레인 게이지 안에는
놀랍도록 가느다란 금속박金屬箔 여러 개가 평행하게 배열되어 있
다. 이 게이지가 무게를 받아 눌리면 금속박이 늘어나면서 더 가
늘어진다. 이때 전기저항의 변화를 저울 내부의 마이크로프로세

서가 감지한 뒤 숫자로 변환해 표시한다. 공장에서 생산할 때 마이크로프로세서의 눈금은 0그램과 1킬로그램에 대한 스트레인 게이지의 측정값에 맞추어 매겨진다. 이것을 기준으로 그 위에 더해지는 무게를 계산하는 것이다. 공장에서 눈금을 매길 때는 정확히 1킬로그램의 시험 분동을 사용한다. 하지만 이 또한 다른 공장에서 만들어진 조금 더 정확한 저울로 측정했기 때문에 1킬로그램임을 알 수 있는 것이다. 즉, 각 측정 도구의 눈금을 매길 때 사용한 표준분동은 그보다 조금 더 정확한 도구로 무게를 재어 만든 것이다. 각 저울마다 오차가 있기 때문에 단계를 거칠 때마다 측정되는 무게의 오차 범위는 점점 커지게 된다. 그렇다면 이런 현상은 어디에서 끝나는가? 이 연쇄를 거슬러 올라가면 무엇이 나올까? 내가 가진 저울의 경우 극동 지방의 한 제조사로부터 프랑스 파리의 교외까지 거슬러 올라간다.

1960년, 제11회 국제 도량형 총회에 모인 각국 대표들은 SI 단위계라고도 불리는 국제단위계를 채택했다. 기본 단위 일곱 가지와 그 측정 방법을 정의한 체계였다. 현재 1미터는 빛이 진공상태에서 299,752,458분의 1초 동안 이동하는 거리로 정의된다. 1초는 특정한 종류의 세슘 원자로부터 나오는 복사선이 9,192,631,770주기를 거치는 데 걸리는 시간이다. 이 중에서 불규칙한 측정 단위는 킬로그램 하나뿐이다. 1킬로그램은 현재 파리 근교 세브르에 보관되어 있는 분동의 무게로 정의된다. 1889년에 만들어진 이 분동은 백금 90퍼센트와 이리듐 10퍼센트로 이루어져 있다. 하지만 이것은 단순한 백금과 이리듐의 덩어리가 아니다. 국제 킬로그램 표준기IPK, International Prototype Kilogram라고 불리는 이 분동은 높이와 직경 모두 39.17밀리미터인 완벽한 원기둥 형태로 되어 있다. 이 IPK의 복제품들이 각국의 관련 기관에 배포되어 있는데, 이를 이용해 만들어진 또 다른 복제품들은 어쩔 수 없이 조금 더 부정확할 수밖에 없다. 그렇게 여러 단계를 거쳐 나의 주방에 있는 저울까지 오게 된 것이다. IPK로부터 한 단계씩 멀어질수록 측정 도구는 점점 더 부정확해진다. 나의 저울은 치즈 덩어리가 153그램이라고 자신 있게 알려주지만, 이것이 사실일 가능성은 놀라울 정도로 희박하다는 뜻이다.

과학을 이용한 요리

요리는 나의 인생에서 가장 큰 즐거움 가운데 하나다. 그러니 주방용품에 관심이 많다 해도 그리 놀라운 일은 아닐 것이다. 나의 주방 찬장과 서랍은 온갖 도구와 장비로 가득 차 있다. 그중에는 유용한 것도 있고 그렇지 못한 것도 있다. 하지만 그중에서도 가장 크고 근사한 도구는 바로 인덕션 레인지다. 마치 '스타 트렉' 같은 스페이스 오페라의 세계에서 튀어나온 것처럼 보이는 도구다. 요리를 하는 표면은 완전히 매끄러운 검은색 세라믹 판으로 되어 있어 열을 발생시킬 만한 것이 전혀 보이지 않는다. 하지만 그 위에 물이 담긴 냄비를 올려놓고 다이얼을 돌리면 곧장 열이 발생해 얼마 지나지 않아 물이 끓는다. 정말 놀라운 일은 끓는 물이 든 냄비를 치우고 레인지 위에 손을 올려볼 때 일어난다. 냄비를 아주 오랫동안 올려두었던 것이 아닌 이상 세라믹 판 위에 손을 올려도 뜨겁다기보다는 따뜻한 느낌이 들 뿐이다. 어떻게 레인지 자체가 뜨거워지지 않았는데도 냄비에 든 물을 끓일 수 있는 것일까? 도대체 어떤 원리가 숨어 있는 것일까?

전자기유도electromagnetic induction의 줄임말인 인덕션의 원리를 처음 발견한 사람은 전기에 관해 많은 업적을 남긴 위대한 과학자 마이클 패러데이Michael Faraday다. 그는 영국 왕립연구소의 지하 실험실에서 연구하던 도중 이 현상을 발견했다. 정확한 날짜는 1831년 8월 29일이었다. 패러데이는 친구에게 쓴 편지 안에 이렇게 적었다. "좋은 걸 찾아냈지만 말할 수는 없네. 어쩌면 그토록 애써서 건져낸 것이 물고기가 아니라 물풀에 불과할지도 모르지." 하지만 결과는 엄청난 대어였다.

패러데이가 잡은 물고기는 전선 근처에서 자석을 움직이면 전선에 전류가 흐르는 현상이었다. 중요한 것은 그 반대도 가능하다는 것이었다. 전선에 전류가 흐르게 하면 전선 주위에 자기장이 형성된다. 전자기유도현상의 원리는 이렇게 간단하다. 하지만 그 영향력은 광범위하다.

납작한 코일에 빠른 교류전류를 흘린다. 전자기유도에 의해 이 전류의 변화하는 흐름은 코일 주변에 자기장을 발생시킨다. 이 자기장도 시간에 따라 방향이 변한다. 코일 위에 강철같이 자성을 띠는 금속을 올려놓으면 변화하는 자기장이 이 금속에도 전류를 흐르게 만든다. 그런데 강철은 전도성이 낮아서 전류의 흐름이 방해를 받기 때문에 그 에너지의 일부가 열로 변한다. 이렇게 해서 코일 자체는 뜨거워지지 않는데도 코일 위의 강철이 뜨거워지기 시작한다.

이제 근사한 검은색 세라믹 판 아래에 코일을 설치하고 냄비 아래에 강철을 부착한다. 순식간에 인덕션 레인지가 만들어졌다. 코일에 의해 형성된 자기장이 세라믹 판을 뚫고 효과를 발휘할 것이다. 1973년, 웨스팅하우스 일렉트릭사가 개발한 최초의 인덕션 레인지를 홍보하던 세일즈맨들의 방법을 따라 해볼 수도 있다. 그들은 인덕션 레인지 위에 신문지 몇 장을 올려놓고 그 위에서 요리하는 모습을 보여주어 구경꾼들을 놀래켜주곤 했다.

하지만 나의 어깨에 올라앉아 있는 상상 속의 아홉 살짜리 소년이 계속해서 질문을 던진다. 애초에 전자기유도현상이 일어나는 원인은 무엇일까? 전기와 자기는 어떻게 서로 연관을 맺고 있는 것일까? 이 질문에 대한 답은 전자기라는 단어 자체에 있다. 이 두 가지는 서로 밀접한 관련이 있는 정도가 아니라 사실은 동일한 것이다.

자연에 존재하는 인력은 네 가지뿐이다. 약한 핵력과 강한 핵력은 원자들을 결합시킨다. 만유인력은 우리에게 중력을 선사한다. 나머지가 전자기력이다. 우리는 이것을 서로 수직으로 작용하는 두 가지 힘으로 보고, 그중 하나는 자기력이라 부르고 다른 하나는 전기력이라 부른다. 하지만 이 두 가지를 다르게 보는 것은 잘못된 인식에 불과하다. 전기력과 자기력이 서로 밀접한 연관을 맺고 있는 것은 두 가지 모두 기본적으로 같은 힘이기 때문이다.

나는 이 글의 첫머리에서 인덕션 레인지야말로 가장 근사한 주방용품이라고 이야기했다. 자연에 존재하는 인력을 가장 우아하게 보여주는 기계라고 생각하기 때문이다.

전자레인지에 관한 잘못된 믿음

여러분에게는 없더라도 주변의 누군가는 이 가전제품을 갖고 있을 것이다. 음식을 빠르게 조리할 수 있게 해주는 전자레인지는 거의 모든 주방마다 빠짐없이 놓여 있는 필수품이다. 하지만 그 안에서는 어떤 일이 일어나고 있는 것일까? 인터넷과 교과서를 살펴보면 전자레인지가 안에서부터 바깥으로 음식을 데운다는 이야기가 있을 것이다. 전자레인지가 물 분자를 진동시켜 요리를 한다는 이야기도 있다. 이런 이야기는 사실에 가깝지만 안타깝게도 사실이 아니다.

1945년에 퍼시 스펜서Percy Spencer라는 사람이 마이크로파 전송기와 관련한 미군 프로젝트를 연구하고 있었다. 건강과 안전에 대한 의식이 없던 시절이었다. 퍼시는 아무렇지도 않게 보호 장치도 없는 전송기 옆에 서 있었고, 그때 자신의 주머니 안에 있던 초콜릿바(허쉬의 '미스터 굿바'였다)가 녹아내렸다. 당시에 퍼시는 눈치 채지 못했지만 이것은 마이크로파를 이용한 요리의 첫 번째 사례였다. 퍼시 자신이 요리되지 않은 것이 다행이었다.

마이크로파는 전자기 스펙트럼에 포함된다. 광선과 같은 종류라는 뜻이다. 차이점은 파장이다. 전자레인지에 사용되는 마이크로파의 파장은 12.2센티미터이고 가시광선의 파장은 그보다 약 20만 배나 더 짧다. 전자기 마이크로파에서 중요한 부분은 파장에 따라 양극과 음극 사이를 오가는 전기장이다.

이제 마이크로파에 둘러싸인 분자를 상상해보자. 이 분자의 한 쪽이 다른 쪽보다 양전하를 띤다면 마이크로파의 전기장 방향과 나란히 배열되려고 움직일 것이다. 그런데 이 전기장이 위아래로 움직이므로 분자도 이리저리 방향을 바꾼다. 그 결과 마이크로파의 에너지 일부가 분자로 이동한다. 그리고 이 분자가 이리저리 움직이며 주변의 다른 분자와 충돌하여 새롭게 얻은 에너지의 일부를 전달한다. 이러한 에너지 이동을 유전 가열이라고 한다. 이름 그대로 열을 발생시키는 현상이다.

이 분자가 야채수프 안에 포함된 물 분자라고 생각해보자. 물 분자에는 전하가 불규칙하게 분포되어 있으므로, 마이크로파에 따라 즐겁게 춤을 출 것이다. 얼마 지나지 않아 수프 안의 물 분자는 마이크로파의 에너지를 흡수하며 이리저리 서로 부딪칠 것이다.

분자들이 마이크로파에 따라 이리저리 움직인다.

그리고 이 에너지를 주변에 나눠주면서 수프를 데울 것이다. 하지만 물만 이런 식으로 움직이는 것은 아니다. 지방과 당도 이렇게 될 수 있다. 불규칙한 전하를 지닌 어떤 것이든 가열이 가능하다. 심지어 도자기 접시도 그 위에 바른 유약에 불규칙한 전하를 지닌 물질이 포함되어 있다면 마이크로파로 데울 수 있다. 게다가 이 과정은 진동과는 관련이 없다. 흥미롭게도 얼음 안에 든 물 분자는 자유롭게 움직일 수 없기 때문에 이러한 춤을 출 수 없다. 전자레인지로 냉동식품을 해동시키는 데 오랜 시간이 걸리는 이유도 여기에 있다.

전자레인지가 가열되는 이유가 이러하다면 어떻게 열이 안에서 밖으로 퍼져나간다는 것일까? 사실은 이것 역시 틀린 생각이다. 전자레인지는 다른 모든 오븐과 마찬가지로 바깥에서부터 안으로 열을 전달한다. 하지만 마이크로파는 수프나 감자, 먹다 남은 카레 안으로 몇 센티미터 정도 침투한다. 그렇기 때문에 요리 시간이 짧아진다. 단지 표면만 가열하고 그 열이 천천히 안으로 전달되는 것이 아니라 식품 안으로 열이 직접 들어가기 때문에 시간이 얼마 걸리지 않는다. 전자레인지는 다른 오븐처럼 예열도 필요 없다. 마이크로파는 즉시 가열을 시작하며, 전자레인지 안쪽 벽으로 에너지가 분산되지 않는다. 금속판은 거울처럼 마이크로파를 가열하려는 음식 쪽으로 튕겨낸다. 이런 이유들로 인해 전자레인지를 사용하면 그렇게 빠르게 요리할 수 있는 것이다.

퍼시 스펜서의 주머니 속에서 초콜릿바가 녹은 지 60년이 넘었다. 그 후 마이크로파는 전 세계의 수많은 음식을 요리하는 데 이용되었지만 전자레인지는 여전히 다양한 수수께끼와 오해를 품고 있는 기계다.

완벽한 토스터는 없다

수많은 소형 가전 제조사들의 제품을 써보았지만, 나는 정말 마음에 드는 토스터를 아직 가져보지 못했다. 설정을 건드리지 않았는데도 토스트가 거의 구워지지 않은 것부터 거의 까맣게 탄 것까지 다양한 상태로 완성되곤 한다. 어쩌면 내가 싸구려 토스터만 계속 사들이고 있거나 빵을 자동으로 굽는다는 것 자체가 기본적으로 쉽지 않은 일인지도 모르겠다.

토스터의 기본 구조는 찰스 스트라이트Charles Strite가 구워진 빵이 자동으로 올라오는 토스터를 발명해 특허를 냈던 1919년 이후로 변한 것이 거의 없다. 스트라이트는 여러 아이디어를 하나의 기계 안에 집어넣었다. 열을 발생시키는 장치를 타이머와 연결하고, 용수철을 이용해 빵이 튀어 오르게 만든 것이다. 하지만 토스터의 내부에 또 다른 발명품이 있었다. 오늘날의 토스터 안에서도 여전히 밝게 빛나고 있는 이것은 니크롬선이다. 1893년, 스코츠먼 앨런 맥매스터스Scotsman Alan MacMasters가 발명한 최초의 토스터는 강선 코일에 전류를 흘려 빵을 굽는 데 필요한 열을 발생시키게끔 되어 있었다. 하지만 강선은 과열되면 산소와 반응하여 타버리곤 했다. 토스터를 만든 회사도, 그리고 맥매스터스 자신도 이 발명으로부터 큰 이득은 얻지 못했다.

그러다 1905년, 니크롬선이 등장했다. 80퍼센트의 니켈과 20퍼센트의 크로뮴을 섞어 만든 이 합금에는 매우 중요한 성질이 몇 가지 있다. 첫 번째, 아주 높은 온도까지 가열해도 강선처럼 타버리지 않고 산화크로뮴의 보호막을 형성한다. 두 번째, 전기 전도성이 그다지 높지 않다. 이것이 전자 제품에 쓰기에는 단점이 될 거라고 생각하겠지만 바로 이러한 성질 때문에 니크롬선은 전기를 이용해서 가열하는 대부분의 제품에 필수 요소가 되었다. 전기가 니크롬선을 통과할 때 그 저항이 열로 변환되기 때문이다. 바로 이러한 두 가지 성질 때문에 니크롬은 전기를 열로 바꾸는 데 이상적인 물질이다. 그리하여 니크롬선을 발명한 미국의 발명가 앨버트 마쉬Albert Marsh는 전기 가열 산업의 아버지로 불리게 되었다.

토스터가 기본적으로 이렇게 간단한 원리로 작동하는 도구라면 왜 그 결과는 그토록 다양하게 나오는 것일까? 그 답은 토스터 자체가 아니라 빵에 있다. 내가 생각하는 완벽한 빵은 뜨겁고 바삭바삭하고 노릇노릇하게 익은 빵이다. 뜨겁고 바삭바삭하게 만들기는 상대적으로 쉽지만 색을 고르게 얻는 것은 조금 더 어렵다. 이러한 변화를 만드는 화학작용인 마이야르 반응Maillard reaction은 수많은 요리의 기본이기 때문에 이미 널리 연구되었다. 빵(또는 감자나 커피콩, 스테이크)을 가열하면 단백질 분자가 글루코오스, 락토오스, 말토오스와 같은 특정한 당과 반응하기 시작한다. 단, 수크로오스와는 반응하지 않는다. 이 반응으로부터 새롭고 복잡하고 갈색빛이 나는 아주 맛있는 분자가 만들어진다. 우리가 토스트의 표면에 만들고 싶어 하는 것이 바로 이 분자다. 하지만 열을 지나치게 가하면 이 반응이 너무 많이 진행되어 쓴맛을 내는 캐러멜화caramelization가 이루어지고 결국은 탄화carbonization된다.

토스트를 만들 때 우리가 어려움을 느낄 수밖에 없는 이유는 마이야르 반응의 정도가 빵 안에 든 당과 단백질의 양과 종류에 달려 있기 때문이다. 그렇기 때문에 시중에 판매되는 가장 훌륭한 토스터라고 해도 매번 완벽한 토스트를 만들어낼 수 있다고 보장할 수 없는 것이다. 비슷한 빵을 굽는다 해도 결과는 다양하게 나올 수 있다. 게다가 토스터에 넣기 전 빵의 온도나 빵 조각의 두께와 같은 물리적인 요소들이 마이야르 반응에 미치는 영향도 크다. 이렇듯 토스트를 만드는 일은 생각보다 쉽지 않다. 이것이 토스터 기술의 진화가 백 년 가까이 침체되어 있는 이유일 것이다.

커피 얼룩의 수수께끼

주방 조리대 위에 커피를 흘린 후 마르도록 내버려두면 우리가 생각하는 것처럼 갈색의 균일한 얼룩은 남지 않는다. 대신 커피를 쏟은 부분의 가장자리를 따라 매우 진한 색의 고리가 생긴다. 이 고리 안의 색은 상대적으로 연하다. 냅킨이나 식탁보 위에 레드 와인을 흘렸을 때도 같은 결과를 얻는다. 얼룩이 마르면 액체의 가장자리 부분이 조금 더 진해지는 것이다.

이것을 커피링 효과coffee-ring effect라고 한다. '커피링'이라는 명칭은 커피를 흘렸을 때 아래쪽에 생기는 자국의 형태 자체가 아니라 그 자국의 가장자리만 진해지는 현상에서 유래한 것이다. 커피링 현상이 생기는 이유는 커피가 단지 갈색의 액체가 아니라 미세

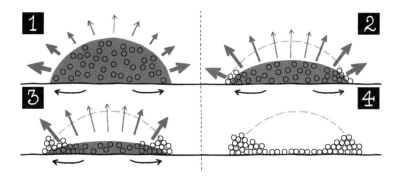

양쪽으로 나뉜 커피가 증발하면서 커피링을 만든다.

하게 분쇄한 커피콩 입자를 향 분자와 함께 물속에 녹인 형태이기 때문이다. 디카페인 커피가 아니라면 카페인도 함께 녹아 있을 것이다. 개인적으로는 커피에 카페인이 필수라고 생각한다.

단단한 조리대 위에 커피를 흘렸다고 상상해보자. 커피가 마를 때 관찰되는 현상이 몇 가지 있다. 얼룩이 말라도 젖은 부분의 크기는 작아지지 않는다. 조리대 위 액체의 가장자리는 그 위치가 고정되어 있다. 물은 무언가에 달라붙는 능력이 뛰어나기 때문이다. 물방울을 안쪽으로 응집시키는 힘은 물방울을 조리대 위에 고정시키는 힘보다 약하다. 따라서 얼룩이 말라도 크기는 줄어들지 않는다. 다만 납작해질 뿐이다.

두 번째로 물이 물방울 표면 전체에서 증발하는데, 여기에는 물이 곡선을 이루면서 조리대와 만나는 가장자리 부분도 포함된다. 물방울 가운데에서 물 분자가 증발하면 아래쪽의 물 분자가 그 자리를 대체한다. 가장자리의 상황은 조금 다르다. 여기에서는 물이 조리대 쪽을 향해 곡선을 이룬다. 따라서 가장자리 표면의 분자가 증발하면 가운데에서 끌려온 물이 그 자리를 대체한다. 이 현상이 물방울 중간에서 가장자리로의 흐름을 만든다.

커피 방울 안에 들어 있는 미세하게 분쇄된 커피콩도 이 흐름을 따라 끌려간다. 이 입자들이 모여 고리를 형성하고 물이 완전히 증발할 무렵에는 입자의 대부분이 가장자리 주변에 모여 있게 된다. 냅킨처럼 흡수력이 있는 표면 위에 얼룩이 생겼을 때도 같은 일이 일어난다. 다만 냅킨의 섬유가 입자의 흐름을 방해하기 때문에 커피링 효과가 매우 선명하게 나타나지는 않는다.

가정에서만 생기는 문제처럼 보이지만 사실 이 현상은 페인트 산업계에서는 중요한 이슈이기도 하다. 커피링 효과는 미세한 입자를 포함한 어떤 액체든지 동일하게 적용된다. 스프레이 페인트도 예외는 아니다. 미세한 안료 입자가 캐리어 액체 안에 담겨 있는 형태이기 때문이다. 페인트가 고르게 칠해지지 않고 커피링 효과로 인해 가장자리만 진해지면 곤란하다. 몇 가지 방법으로 이런 문제를 해결할 수 있다. 가장 간단한 방법은 매우 **빠르게** 증발하는 캐리어 액체를 사용해서 입자가 액체 내에서 이동할 시간을 주지 않는 것이다.

미국 펜실베이니아대학교의 과학자들은 액체 안에 든 입자가 구형이 아니라 길쭉하면 커피링 효과가 생기지 않는다는 흥미로운 사실을 발견했다. 길이가 너비의 세 배 정도인 입자는 물방울 안쪽 표면에 달라붙는다. 그리고 입자들끼리 서로 달라붙으면서 덩어리를 형성하는데, 이 덩어리들은 크기가 너무 커서 가장자리로 끌려가지 않는다. 물방울이 마르면 입자들이 매끈하고 고르게 펴진 상태가 되므로, 천천히 마르는 스프레이 페인트에 활용하면 좋은 결과를 얻을 수 있을지도 모른다.

따라서 진한 커피링이 조리대 위에 생기는 현상을 피하려면 커피를 길쭉한 입자가 되도록 갈거나, 마르기 전에 얼룩을 닦아내야 한다. 과학적으로 더 확실한 방법은 입자를 길쭉하게 가는 것이겠지만 여러분이 실천하기에는 얼룩을 빨리 닦아내는 편이 더 간단할 것이다.

컵 안의 얼음은 특별하다

큼직한 진토닉 잔 안에서 사각 얼음이 쨍그랑거리는 소리는 나에게 무더운 여름밤의 추억들을 떠올리게 만든다. 여러분이 진토닉을 좋아하지 않는다면 그냥 다른 차가운 음료로 상상해도 좋다. 종류에 상관없이 얼음이 둥둥 떠다니는 잔 안에서는 매우 이상한 일이 벌어진다.

액체와 고체의 기본적인 차이를 잠시 생각해보자. 나는 특별히 순수한 알코올 혹은 에탄올을 예로 들고 싶다. 아주 모범적인 사례이기 때문이다. 액체 에탄올 내의 분자는 느슨하게 결합되어 있어 자유롭게 이동할 수 있다. 이것은 액체의 기본적인 정의이기도 하다. 또한 우리가 액체 에탄올을 용기에 부을 수 있는 이유도 된다. 에탄올은 영하 114도로 얼리면 고체로 변한다. 고체 에탄올 내의 분자는 규칙적인 결정구조로 이루어져 한자리에 고정되어 있다. 자유롭게 돌아다닐 수 없기 때문에 분자들이 서로 밀착되어 공간을 더 적게 차지한다. 따라서 고체 에탄올은 액체 에탄올보다 밀도가 높다. 얼린 에탄올을 액체 에탄올이 든 잔 안에 넣으면 바닥으로 가라앉을 것이다.

이것은 거의 모든 물질에 해당되는 이야기다. 에탄올이든 식용유든 수은이든 산소든 강철이든 마찬가지다. 고체는 밀도가 더 높기 때문에 액체 안에 가라앉는다. 반면 물은 다른 물질들과 다르다. 얼음은 물보다 밀도가 낮아 물 위에 뜬다.

이러한 특이성을 보이는 이유는 물 분자가 수소결합이라는 상대적으로 약한 결합을 형성할 수 있기 때문이다. 표면장력이나 모세관 작용 같은 물의 독특한 특징이 나타나는 이유 역시 수소결합을 특히 잘 만드는 성질 때문이다. 액체 상태의 물속에 있는 분자들은 너무 많은 에너지를 가지고 움직이기 때문에 수소결합으로 고정되지 못한다. 따라서 분자들 간의 간격이 상대적으로 더 좁아도 움직일 수 있다.

물의 온도가 0도 아래로 떨어지면 분자들은 수소결합에 저항하지 못하고 속도가 느려지다가 정지한다. 분자들은 육각형 구조로 배열되며 그 간격은 수소결합의 길이에 따라 결정된다. 이런 독특한 기하학적 구조와 수소결합의 길이 때문에 분자들은 액체 상태일 때보다 서로를 더 멀리 밀어낸다. 주어진 공간 안에 들어 있는 물 분자의 수가 더 적기 때문에 밀도가 낮아진다.

컵 안의 얼음이 뜨거나 가라앉는 것이 사소한 일처럼 보일지 모르겠다. 하지만 물이 가진 이러한 특성은 우리가 사는 세상에 매우 중요한 영향을 미친다. 물의 특성 덕분에 북극곰과 북극여우가 살고 있는 거대한 북극의 빙원도 바다 속으로 가라앉지 않고 물 위에 떠 있기 때문이다. 만약 그렇지 않다면 어떤 일이 일어날지 알 수 없다. 북극의 빙하가 가라앉는다면 어떻게 될까. 바다 아래쪽에 얼음이 천천히 축적되면서 이것이 그 위의 물과 공기를 차갑게 하고 그 결과 얼음이 더 많이 형성될 가능성이 있다. 그런 식으로 바다 전체가 얼어버리면 전 세계가 거대한 눈덩이로 변해 우리 모두 목숨을 잃게 될 것이다. 물론 이것은 살짝 과장된 상상이기는 하다. 하지만 최소한 모든 호수와 강 아래에 가라앉은 얼음들이 그 속에 살고 있는 곤충과 갑각류를 죽이리라는 것은 확실하다.

얼음물의 밀도는 절대 변하지 않을 것이다. 이것은 기본적인 물리적 특성이며, 물의 특별한 화학작용이 만든 결과다. 물 위에 떠다니는 얼음은 우연히 얻은 행운이 아니라 지구 생명의 진화를 이끄는 기본적인 원동력이라 할 수 있다. 얼음이 물에 뜨지 않았다면 우리는 지금 여기에서 이런 문제를 고민하고 있지 못할 것이다. 얼음 조각이 음료 안에서 쨍그랑거리는 소리를 들으면서 이런 것까지 생각하고 싶지는 않을지도 모른다. 그러니 음료를 즐기는 동안에는 이 모든 걸 잠시 잊기를 바란다. 기이하게 물 위를 떠다니는 얼음이 녹아버리기 전에 말이다.

양초 내부의 엔진

성냥에 불을 붙여 양초 심지에 갖다 대보자. 그러면 순식간에 오렌지색 불꽃이 일어날 것이다. 그리고 한동안 촛불을 켜두면 시간이 흐를수록 초의 길이가 짧아진다. 왁스가 촛불의 연료로 소모되기 때문이다. 하지만 두 번째로 성냥불을 켜서 이번에는 또 다른 초의 기둥에 갖다 대보자. 아마 불이 붙지 않을 것이다. 어떻게 해도 초 자체를 이루는 왁스에는 불을 붙일 수 없다. 오직 심지에만 가능하다. 놀랍게도 왁스는 비가연성 물질이다.

훌륭한 대중 과학서인 마이클 패러데이의 《양초의 과학The Chemical History of a Candle》은 역설적으로 보이는 이러한 현상을 관찰하고, 그 결과를 토대로 쓰였다. 이 책은 오늘날에도 계속되고 있는 영국 왕립연구소 연례 크리스마스 강의의 일환으로 1848년에 패러데이가 했던 여섯 번의 강의 내용을 정리한 것이다. 패러데이는 여러 원소를 발견하고 전기 모터를 발명했으며 과학의 대중화를 이끈 뛰어난 과학자였다. 그는 촛불에 대한 간단하면서도 과학적인 관찰 결과를 놀랍도록 넓은 범위까지 확장했다. 자신이 어떤 질문을 해야 할지 알고 있었기 때문이다.

왁스는 실온에서 비가연성의 고체다. 우리 눈에 보이는 촛불은 기체 형태의 왁스, 즉 왁스 증기가 연소하는 모습이다. 이것은 그리 놀랍지 않을지도 모른다. 불꽃 자체는 확실히 고체도 액체도 아니므로 기체 형태로 발생할 것이 명확하기 때문이다. 초가 놀라운 이유는 고체 왁스를 기체로 바꾸어 연소시키는 아름답고도 우아한 엔진에 있다.

초의 심지는 대개 면직물을 꼬아서 만든다. 이것은 그 자체로는 특별히 잘 타지 않는다. 사용하지 않은 초에 불을 붙이면 심지가 타면서 발생한 열이 아래쪽의 고체 왁스까지 전달된다. 이 열로 초 위쪽의 왁스가 녹아 액체가 되면, 이 액체는 모세관 작용에 따라 심지를 타고 올라간다. 액체 왁스가 불이 붙은 면 심지에 가까워지면 그 열에 의해 기화한다. 이 뜨거운 증기가 주변 공기의 대류 현상 때문에 위로 올라가 심지를 태우고 있는 불꽃에 닿는다. 이제 왁스 증기는 공기 중에 풍부한 산소와 타오르는 심지라는 발화원을 확보하게 되었다. 왁스 증기는 연소하면서 더 큰 불꽃을 만들고 더 큰 열을 내며, 그 결과 더 많은 고체 왁스가 녹아 심지쪽으로 올라간다. 이렇게 해서 초가 계속 타게 되는 것이다. 이제 이 엔진은 왁스가 다 소진되거나 누군가 촛불을 불어서 끌 때까지 계속 돌아갈 것이다. 이렇게 정리하면 간단해 보이지만 각 단계는 놀랍도록 정교한 원리로 이루어진다.

모세관 작용은 액체 분자들이 액체 분자들끼리, 그리고 다른 물체에 달라붙는 성질 때문에 액체가 스스로 이동하는 현상을 가리킨다. 모세관 작용이 일어나려면 표면장력과 밀도 등 액체의 물리적 특성이 타고 올라가는 물체의 특성과 맞아야 한다. 초의 경우는 심지를 이루는 가닥들 사이의 좁은 틈이 그런 특성이다. 이 틈의 너비가 액체 왁스가 타고 올라가기에 적당해야 한다. 그래서 심지에는 거의 언제나 면직물을 쓰는 것이다. 다른 재질은 틈의 너비가 불규칙하기 때문이다. 타다 남은 초의 심지가 언제나 비슷한 길이인 이유도 여기에 있다. 심지 안의 가연성 액체 왁스 때문에 심지가 불꽃에 완전히 타버리지 않는 것이다. 왁스가 심지를 따라 올라갈 수 있는 높이는 모세관 작용에 의해 결정되는데, 이것이 약 1센티미터 정도이기 때문에 남는 심지의 길이도 항상 그 정도가 된다.

초 위쪽의 모양 또한 초가 잘 타도록 하는 데 중요하다. 초가 한동안 타고 있으면 윗부분에 왁스가 고이게 된다. 이것이 웅덩이를 이루면 심지를 타고 올라가 기화하여 타오를 준비가 끝난다. 초를 건드리거나 혹은 원래 초가 너무 좁아서 이 웅덩이가 없을 경우 왁스를 낭비하게 될 뿐만 아니라 초가 잘 타지도 못한다. 더 작은 불꽃이 생겨 쉽게 흔들리다 꺼질 것이다. 심지를 타고 올라가는 왁스의 양이 적기 때문이다. 이 왁스 웅덩이가 가진 장점 때문에 초의 지름은 거의 언제나 약 1센티미터 이상으로 만들어진다. 이것보다 작은 초, 예를 들어 생일 케이크에 쓰이는 초는 웅덩이가 만들어지지 않는다. 따라서 그냥 녹은 왁스가 옆으로 흘러내리기만 한다.

촛불도 한번 자세히 살펴보자. 심지에 인접한 부분은 나머지 부분보다 색이 진하다. 이것은 연소할 만큼의 충분한 산소와 섞이지 못한 왁스 증기다. 이 왁스 증기가 상승해 더 많은 산소와 섞여 타오르기 시작하는 부분의 불꽃은 환한 노란색이 된다. 하지만 이 부분은 여전히 산소가 부족하기 때문에 왁스가 완전히 연소되지 않은 상태다. 따라서 왁스의 탄소 일부가 이산화탄소가 아니라 탄소 입자로 남아 있다. 연소되지 않은 탄소는 매우 뜨거워진다. 이것이 촛불의 위쪽이 노란색인 이유다. 육안으로 확인하기는 어렵지만 촛불에는 세 번째 층이 존재한다. 불꽃의 바깥쪽을 보면 파

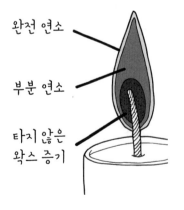

완전 연소

부분 연소

타지 않은
왁스 증기

란색과 노란색으로 이루어진 층이 있는데, 이 층이 노란색 부분을 약 2밀리미터 두께로 둘러싸고 있다. 거의 보이지 않는 이 층을 보려면 촛불을 어두운 배경 앞에 두고 옆에서 조명을 비추어보면 된다. 불꽃의 가장자리를 자세히 들여다보면 이 바깥층을 구별할 수 있을 것이다. 산소가 충분하여

왁스가 완전 연소가 되는 이 부분은 촛불에서 가장 뜨거운 부분이 기도 하다.

초의 한 가지 특성을 극적으로 보여주는 재미있는 실험이 한 가지 있다. 먼저 촛불을 켠 후 한동안 놓아두어 불꽃이 크고 안정적으로 타오르도록 한다. 그다음에 불을 붙인 성냥을 손에 든 채로 조심스럽게 촛불을 불어서 끈다. 꺼진 심지에서 연기처럼 보이는 것이 피어오를 것이다. 이것은 연기가 아니라 왁스 증기다. 이제 불을 붙인 성냥을 심지에서 2~3센티미터 정도 떨어진 왁스 증기의 흐름 안에 재빨리 갖다 댄다. 그러면 성냥에서 피어오른 불꽃이 왁스 증기를 타고 가서 촛불이 한 번 더 켜진다. 이 방법에 익숙해지면 촛불끄개를 사용해 공기의 방해를 최대한 받지 않고 불꽃이 꺼지도록 해보자. 그러면 왁스 증기가 더 빨리 수직 방향의 흐름을 형성한다. 조금만 연습하면 5~6센티미터 떨어진 위치에서도 촛불이 다시 타오르도록 할 수 있다.

패러데이의 훌륭한 책 《양초의 과학》은 이 외에도 여러 과학적 사실을 자세히 설명하고 있다. 간단해 보이지만 자세히 살펴보면 복잡한 과학적 원리로 이루어진 양초에 관한 실험들도 소개되어 있다. 읽어볼 만한 가치가 충분한 책이다.

세 번째 문

집 안팎에 숨어 있는
놀라운 과학

천천히 밝아지는 빛

이제 전 세계 사람들은 오래된 백열전구를 새로운 대세가 된 콤팩트 형광전구로 누가 먼저랄 것도 없이 교체하고 있다. 각국 정부들도 백열전구 사용을 금지하는 법안을 통과시키고 있다. 브라질과 베네수엘라에서는 2005년에 이런 변화가 시작되었다. 2010년에는 호주가, 2011년에는 영국도 이 변화에 동참했다. 이 책을 쓰고 있는 현재, 러시아, 미국, 중국도 같은 과정을 거치고 있다. 이유는 간단하다. 백열전구는 빛을 생산하는 효율이 턱없이 낮다. 그나마 지금까지 사용된 것은 더 효율적인 대체품이 없었기 때문이다.

백열전구가 실용적인 목적으로 사용될 수 있음을 최초로 입증한 인물은 사람들이 흔히 생각하는 것처럼 토마스 에디슨이나 조셉 스완이 아니라 1835년, 스코틀랜드 던디에 살고 있던 제임스 바우먼 린지James Bowman Lindsay였다. 그 후 이 발명품은 엄청나게 발전했지만, 약 200년이 지난 지금도 백열전구에 들어가는 에너지의 약 2퍼센트만이 가시광선으로 바뀐다. 반면 콤팩트 형광전구는 에너지의 약 10퍼센트를 빛으로 바꾸니, 사람들이 앞다투어 교체하는 이유를 쉽게 이해할 수 있을 것이다.

콤팩트 형광전구의 기본 구조는 형광 관을 코일 형태로 감은 것인데, 때로는 이 위에 둥근 유리 케이스를 씌우기도 한다. 이 전구의 과학적 원리는 1856년에 알려졌지만, 가정에 보급되기 시작한 것은 코일 제조와 소형화 기술의 혁신이 일어난 1976년 이후였다. 콤팩트 형광전구의 관 안은 압력이 아주 낮은 비활성의 아르곤가스로 채워져 있는데, 여기에 미량의 액체 수은도 혼합되어 있어 관에 전류가 흐르면 이 액체가 가열되어 증발한다. 이때 전기에너지 일부가 수은 원자로 전달된다. 수은은 이 에너지를 아주 잠깐 동안만 보유할 수 있고, 곧장 눈에 보이지 않는 자외선 형태로 방출한다. 유리 관 안쪽에 코팅되어 있는 흰색 가루 형태의 인이 이 자외선과 만나면 그 에너지를 흡수하는데, 이때 수은처럼 빠르게, 다만 이번에는 가시광선의 형태로 방출한다. 요즘은 콤팩트 형광전구가 발생시키는 빛도 백열전구가 발생시키는 빛과 색이 거의 똑같다. 형광전구가 완전한 밝기에 도달하는 데는 상대적으로 오랜 시간이 걸리는데, 이것을 개선하기 위한 기술은 여전히 발전하고 있다.

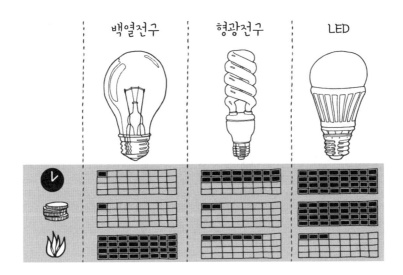

현대식 전구의 비교.

형광전구가 최고 밝기에 도달하는 데는 보통 10초에서 1분이 걸리는데 그 이유는 다음과 같다. 형광전구를 켜기 전, 관 안에는 수은 가스가 거의 없다. 대부분 액체 상태로 존재하기 때문이다. 그리고 관 안의 아르곤가스는 전기 전도성이 없다. 전기가 관을 따라 흐르게 하려면 양끝에 작은 전선 코일을 연결해야 한다. 전기가 이 전선에 흐르면서 열이 발생하면 표면에서 전자를 쏘아 올리기 시작한다. 이 전자가 아르곤가스와 만나면 그 안에 포함된 수은의 온도가 올라가 기체로 변화하고, 이것이 임계점에 도달해야 비로소 전류가 관을 통해 흐르기 시작한다. 이제 수은은 자외선을 방출하고 인이 그것을 가시광선으로 바꾼다. 이 모든 과정이 일어나는 데 시간이 조금 걸리기 때문에 일반적인 콤팩트 형광전구는 야외에서 쓰기에 적당하지 않다. 날이 추우면 전구가 완전히 밝아지는 데 약 5분씩 걸리기 때문이다.

기술이 발전해서 형광전구를 더 빨리 밝아지게 만드는 것이 가능해지더라도, 백열전구만큼 즉각적으로 밝아지게 할 수는 없을 것이다. 그런데도 그동안 형광전구의 효율성이 다섯 배나 증가해 에너지를 크게 절약할 수 있게 되었기 때문에 불편함을 감수하고 사용할 만하다. 하지만 또 다른 발명품이 기다리고 있다. 바로 LED로 잘 알려진 발광 다이오드light emitting diode다. 현재 LED 전구는 콤팩트 형광전구보다 가격이 훨씬 비싸지만 효율성이 두 배나 높고 어떤 온도에서도 바로 환해진다. 콤팩트 형광전구가 200년이나 된 백열전구를 밀어내고 있기는 하지만 그 자리를 계속 유지하기는 힘들지도 모른다.

계단을 내려가는 슬링키

2014년에 나는 '슬링키slinky*로 계단 많이 내려가기' 기네스 기록에 도전할 기회가 있었다. 영국 케임브리지대학교의 공학자 휴 헌트 Hugh Hunt의 도움으로 우리는 서른 계단을 내려가는 기록을 세우는 데 성공했다. 이 도전을 준비하면서(여러분이 상상하는 것보다 훨씬 어려운 일이었다) 슬링키의 원리에 대해 생각하지 않을 수 없었다.

슬링키는 필라델피아의 공학자 리처드 제임스Richard James가 1943년에 발명했다. 최초 디자인은 21미터 길이의 강철을 코일 형태로 98번 감은 것이었으며, 이러한 형태는 오늘날에도 변함이 없

---

* 스프링 장난감.

다. 1945년에 처음 판매된 이 장난감은 단번에 인기를 끌었는데, 출시된 지 90분 만에 초도 생산량이 동이 났다. 그 후 판매된 슬링키의 수는 요즘 나오는 플라스틱 슬링키를 제외하더라도 수억 개에 달한다.

슬링키는 계단 바깥쪽에 올려놓은 후 윗부분만 들어 올려 아래로 방향을 틀어주면 저절로 감기면서 다음 계단으로 내려간다. 그리고 다음 계단에 도착하면 다시 저절로 다음 계단으로 내려간다. 이런 식으로 계단 맨 아랫단에 닿을 때까지, 혹은 도중에 엉켜서 멈출 때까지 계속 움직인다. 안 될 것 같은데 해보면 정말 된다.

크기와 상관없이 모든 용수철에는 용수철 상수spring constant라는 것이 있다. 이것은 용수철의 강도와 길이를 나타내는 단위다. 슬링키를 가지고 놀 때는 무엇보다 용수철 상수가 적당해야 하며, 이것이 슬링키를 내려보낼 계단과도 잘 맞아야 한다. 용수철 상수가 너무 높으면 슬링키가 계단을 천천히 내려가지 않고 굴러떨어지기 시작한다. 용수철 상수가 너무 낮으면 슬링키의 윗부분이 다음 계단에 닿은 후 아랫부분을 들어 올려 그다음 계단으로 이동하지 못하고 멈추어버린다. 계단 크기가 맞지 않아도 슬링키가 제대로 움직이지 못한다. 예를 들어 계단이 너무 얕으면 대부분의 슬링키가 멈추어버린다. 슬링키 전체를 다음 계단으로 끌어당길 공간이 충분하지 않기 때문이다. 따라서 먼저 여러분이 가진 슬링키에 맞는 계단을 찾아야 한다.

용수철 상수로 슬링키가 계단 하나를 내려가는 이유는 설명할 수 있지만 다음 계단으로 어떻게 계속 내려갈 수 있는지는 설명하지 못한다. 이 현상을 이해하려면 슬링키의 움직임을 주의 깊게 살펴보아야 한다. 계단을 내려가는 모습을 슬로모션으로 관찰할 수 있다면 가장 좋다. 그러면 슬링키가 계단을 내려갈 때 맨 뒤쪽의 코일 몇 개는 나머지 코일들 위로 떨어지지 않으며, 단 한순간도 멈추지 않고 움직이는 것을 볼 수 있다. 이 뒤쪽 코일들의 운동량이 이 코일들을 나머지 코일 위로 끌어당기는 힘보다 크다. 따라서 나머지 코일들을 뛰어넘어 다음 계단으로 떨어지기 시작하는 것이다. 그리고 중력이 작용해서 모든 과정이 다시 반복된다.

즉, 물리학적 원리는 여러분의 편이므로 적당한 계단만 찾아내면 슬링키가 계단을 계속 내려가게 할 수 있다. 하지만 나의 경험으로 미루어볼 때 정말 오랫동안 계단을 내려가게 하는 비결은 처음 슬링키를 출발시키는 손동작에 달려 있다. 이것만 적절하면 슬링키는 계단이 끝날 때까지 멈추지 않고 계속 내려갈 것이다.

어둠 속을 보는 눈

현재 이 글을 쓰고 있는 방의 천장 한쪽 구석에는 작은 흰색 플라스틱 상자가 붙어 있다. 도난 방지 장치의 일부인 이 상자의 앞쪽에는 불투명한 흰색 플라스틱 판이 곡선 형태로 붙어 있다. 이 상자는 나의 존재를 인식하지 못하지만 내가 자리에서 일어나면 작은 빨간색 불이 들어온다. 그리고 내가 최소 5미터 이상 떨어져 있어도 인식할 수 있다. 만약 움직임이 없으면 약 5초 후 불이 꺼진다. 아주 천천히 움직이면 빨간 불이 들어오지 않지만 이 감지기는 워낙 민감하기 때문에 그렇게 하기가 굉장히 힘들다. 아주 살짝만 재빨리 움직여도 금방 알아챈다. 게다가 낮뿐만 아니라 캄캄한 어둠 속에서도 동작을 인식한다. 어떻게 그렇게 작고 평범한

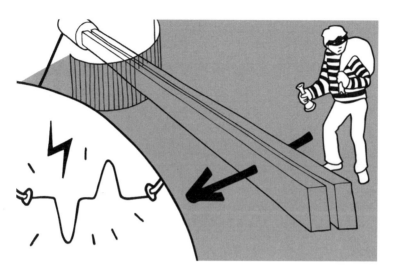

PIR 감지기의 질화갈륨이 적외선 방출원의 침입을 감지한다.

도구가 어떤 배경에서도 사람의 움직임을 놀랍도록 뛰어나게 인식할 수 있을까?

빨간 불이 깜박거리는 이 플라스틱 상자는 도난 경보기 업계에서 수동형 적외선 감지기 또는 PIRpassive infrared 감지기라고 불린다. 명칭에서 알 수 있듯이 이 도구는 우리 눈에 보이지 않는 빛인 적외선을 감지한다. 인간의 눈은 특정 파장의 빛만 인식할 수 있다. 하지만 그 파장의 양쪽으로 더 넓은 빛의 스펙트럼이 존재한다. 가시광선의 빨간색보다 긴 파장을 지닌 빛을 적외선이라고 한다. 우리는 이 광선을 볼 수 없지만 때때로 복사열의 형태로 강한 적외선을 느낄 수 있다.

모든 물체는 약한 복사열의 형태로 적외선을 방출하며 PIR 감지기는 질화갈륨gallium nitride이라는 물질의 얇은 결정을 이용해 적외선을 감지한다. 질화갈륨 결정은 적외선이 닿으면 결정구조가 변화하는 독특한 성질을 갖고 있다. 이와 함께 결정의 전기적 성질이 바뀌면서 결정을 통과해 흐를 수 있는 전기의 양이 미세하게 변화한다. 이것은 아주 작은 변화이지만 쉽게 구할 수 있는 간단한 전기 회로로 충분히 감지할 수 있다.

방 안에서 움직이는 무언가를 감지하려면 작은 막대 모양의 질화갈륨 결정이 두 개 필요하다. 감지기 안에는 이 두 개의 결정이 나란히 수직 방향으로 배열되어 있다. 각 결정은 가느다란 수직 방향의 창을 통해 효과적으로 방 안을 감시한다. 이 창이 굉장히 가까이 붙어 있기 때문에 고정된 배경이 방출하는 적외선은 이 두 결정 모두에 닿게 되고, 그 결과 각 결정이 발생시키는 전압은 거의 같다.

정말 정교한 부분이 있다. 그것은 한 결정의 양극陽極이 다른 결정의 양극과 만나도록 연결해놓은 것이다. 만약 각 결정이 발생시키는 전압이 같으면 서로 상쇄되어 전체 전압은 0이 된다. 이러한 방법은 감지기가 라디에이터나 히터처럼 적외선 방출량이 천천히 변화하는 물체들을 감지하지 않도록 해준다.

여러분이 방을 가로질러가면, 두 개의 가는 창을 차례로 통과하게 되는데 도중에 일시적으로 한쪽 창 앞에만 위치하는 순간이 있을 것이다. 이때 한쪽 결정과 만나는 적외선이 증가하기 때문에 더 이상 전압이 서로 상쇄되지 않게 된다. 갑자기 한쪽 결정이 발생시키는 전압이 급증하면서 감지기가 이것을 감지한다. 감지기 앞을 지나가는 대상의 크기가 클수록 전압이 더 크게 증가하기 때문에 감지기가 애완동물 크기의 작은 사물들은 무시하도록 설정할 수도 있다.

이 시스템에는 두 개의 좁은 창 앞으로 이동하는 사람의 움직임만 감지할 수 있다는 문제가 있다. 그래서 PIR 감지기가 더 넓은 범위를 볼 수 있도록 결정 주변에 플라스틱 렌즈들을 곡선 형태로 부착한다. 우리가 관심 있는 것은 적외선뿐이므로 플라스틱이 가시광선을 통과시킬 필요는 없다. 따라서 PIR 감지기의 앞면은 흰색이고 불투명해 보이지만 적외선을 비추면 투명해진다. 이 플라스틱 렌즈는 서로 다른 각도의 적외선을 결정으로 집중시킨다. 그렇게 해서 동시에 대여섯 개 이상의 방향에서 방을 감시할 수 있게 된다.

이런 식으로 수동형 적외선 감지 시스템은 작은 생물뿐만 아니라 굉장히 천천히 변화하는 배경의 적외선 방출원도 무시해버릴 수 있다. PIR 감지기는 이런 것들은 감지하지 않으면서도 집 안에 들어온 불청객은 굉장히 민감하게 잡아낸다. 도난 경보기를 속이려면 얼마나 천천히 움직여야 하는지 실험해보는 사람도 물론 잡히고 만다.

유리가 거울로 바뀔 때

창가에 앉아 바깥이 천천히 어두워지는 모습을 바라본 적 있는가? 어느 순간 바깥의 행인들 대신 자신의 모습이 비치는 것을 볼 수 있었을 것이다. 바깥이 어두워지면서 투명했던 창이 그 앞의 사물을 비추게 되는 것이다. 유리가 물리적으로 변화한 것은 아니지만 적어도 그 앞에 앉은 우리에게는 거울로 바뀌었다. 창문 반대편의 어두운 곳으로 나가서 밝은 방 안을 들여다보면 유리는 다시 투명하게 보인다.

이러한 현상을 이해하는 열쇠는 유리가 우리 생각처럼 투명하지 않다는 사실에 있다. 깨끗한 유리판에 광선을 비추면 빛의 약 4퍼센트가 판의 앞쪽에서 곧장 반사된다. 또한 빛은 유리판의 반대쪽인 안쪽 표면에서도 반사된다. 총 7퍼센트 정도의 빛이 유리 위에서 직접 반사된다. 유리는 언제나 거울 역할을 한다. 단지 아주 좋은 거울이 아닐 뿐이다.

반사는 빛이 하나의 매개체에서 또 다른 매개체로 이동할 때 일어난다. 창문의 경우는 빛이 공기 중에서 유리로 이동한다. 광선은 전자기에너지의 파동이며, 이는 에너지의 일부는 전기에너지이고 일부는 자기에너지라는 뜻이다. 유리의 표면은 좁은 범위 안에서 자유롭게 움직일 수 있는 전자들로 채워져 있다. 빛의 전기적 파동이 이 전자들을 이리저리 움직이게 만들고 그 결과 자기장도 이리저리 움직인다. 이 자기와 전기의 움직임이 유리 자체가 방출하는 빛의 형태로 나타난다. 중요한 것은 방출되는 빛의 파동이 들어오는 광선의 파동과 일치하지 않는다는 것이다. 그중 일부는 들어오는 광선과 같은 방향으로 이동하지만 광선에 더해지는 것이 아니라 오히려 일부를 상쇄시킨다. 동시에 유리는 원래 광선이 들어온 방향으로 같은 강도의 빛을 방출하기도 한다. 그 결과 적은 양의 광선은 유리 표면에서 튕겨 나가는 것처럼 보이고 나머지는 다소 줄어들기는 하지만 어찌 되었든 영향을 받지 않고 계속 진행한다. 이러한 현상이 모든 반사의 중심에 있기 때문에 유리가 거울 역할을 하는 것이다.

하지만 왜 이런 반사 현상을 낮에는 볼 수 없고 밤에만 볼 수 있는지는 설명되지 않는다. 이 현상을 이해하려면 생물학을 알아야 한다. 우리의 눈은 서로 다른 빛의 상태에 대처하는 능력이 뛰어나다. 우리가 미처 깨달을 틈도 없이 눈은 순식간에 주변 환경에 적응한다. 기본적인 방법은 안구로 빛을 받아들이는 동공의 크기를 저절로 변화시키는 것이다. 이때 홍채와 연결된 근육이 수축 또는 이완되면서 동공의 크기가 줄어들거나 커진다. 동공이 커지면 더 많은 빛이 안구로 들어와 어두운 곳에서도 잘 볼 수 있다. 반대로 동공이 줄어들면 밝은 곳에서 눈을 빛에 과하게 노출시키지 않으면서도 잘 볼 수 있다. 안구의 안쪽에 있는 망막도 빛을 감지하는 세포의 민감성을 천천히 변화시키지만 여기에는 시간이 30분씩 걸리기도 한다.

낮에는 햇빛이 창문으로 들어온다. 아무리 흐린 날씨라 해도 동공은 줄어들어 있어 눈에 적은 양의 빛만 들어온다. 우리가 서 있는 실내에서 창문에 부딪혀 반사되는 빛은 상대적으로 매우 약하다. 우리의 눈이 강한 빛에 대처할 수 있도록 적응되어 있기 때문에 희미한 반사를 인지하지 못하는 것이다. 분명히 존재하지만 우리 눈으로는 보지 못한다.

반대로 밤에 창문을 바라볼 때는 창문을 통해 눈으로 들어오는 빛이 많지 않다. 우리의 동공은 커져 있어서 희미한 반사를 인지할 수 있을 것이다. 밖으로 나가서 방금까지 우리가 서 있었던 밝은 창문 안쪽을 들여다보면 동공이 줄어들어 밝은 것을 볼 수 있도록 적응하기 때문에 반사가 다시 사라지는 것이다.

물론 방의 불을 꺼서 창문 안쪽과 바깥쪽이 모두 어두워지면, 어느 쪽에도 빛이 없기 때문에 아무것도 볼 수 없다.

배수구로 빠지는 물의 방향

에콰도르나 케냐처럼 적도에 위치한 국가를 여행하다 보면 코리올리 효과coriolis effect의 전형적인 예를 관찰할 수 있을지도 모른다. 나는 아직 이것을 직접 경험해보지는 못했다. 하지만 지난 1992년 마이클 페일린Michael Palin이 진행하는 TV 시리즈 〈남극에서 북극까지Pole to Pole〉를 보면서 간접적으로 경험했다. 페일린이 케냐의 나이로비 외곽에 도착했을 때 한 열정적인 젊은이가 그에게 적도 북쪽에서는 가정의 싱크대 배수구 위에서 물이 시계 반대 방향으로 돌고, 적도 남쪽에서는 시계 방향으로 돈다는 사실을 보여주었다. 이러한 현상 자체는 상식이었지만 그 원인이 지구의 자전으로 인한 코리올리효과 때문이라는 것이었다. 이것은 정확한 과학적 원리이며 실험으로 입증하는 것도 가능하다. 하지만 안타깝게도 가정용 싱크대 안에서 일어나는 일에 대해서는 평범한 이유들이 더 많이 존재한다.

프랑스의 수학자 코리올리의 이름을 딴 명칭인 코리올리효과는 기상학 분야에서 자주 접할 수 있는 현상이다. 이 현상은 공기와 같은 물질이 지구와 같이 회전하는 물체의 표면 위를 이동할 때 발생한다.

지구의 상공에 정지해 있는 우주선 안에 한 사람이 앉아 있다고 상상해보자. 이 우주선은 공기의 흐름을 관측할 수 있는 최신 장비를 갖추고 있다. 우주선에서 직선으로 이동하는 것처럼 보이는 공기는 사실 지구의 표면을 따라 곡선으로 움직이고 있는 것이다. 지구의 자전, 그리고 공기와 지구 사이의 마찰력이 공기를 한쪽으로 밀어붙여 기류가 휘게 만든다. 시계 반대 방향으로 도는 북반구에서는 지구 표면을 따라 움직이는 공기가 약간 오른쪽으로 밀린다. 공기가 기압이 낮은 지역으로 불어 들어갈 때 오른쪽으로 회전하기 시작한다는 뜻이다. 즉, 시계 반대 방향의 흐름이 된다.

이제 남반구로 가면 우주비행사의 눈에는 공기가 시계 방향으로 회전하는 것처럼 보인다. 코리올리효과가 반대로 일어나 적도 남쪽의 공기는 시계 방향으로 회전하며 기압이 낮은 지역으로 불어 들어간다. 이 회전하는 공기가 지구 대부분의 날씨를 좌우하는 대규모의 기류를 형성한다. 이러한 대규모의 움직임 중 가장 눈에 띄는 것은 허리케인이다. 허리케인은 북반구에서는 시계 반대 방향으로 회전하고, 남반구에서는 시계 방향으로 회전한다. 코리올리효과는 지구의 크기에 비해 넓은 거리 위에서, 그리고 지구의 자전보다 더 긴 시간 동안 공기가 움직일 때 더 두드러지는 힘이다.

싱크대와 같이 작은 규모에서 코리올리효과를 관찰하기는 조금 어렵지만 불가능한 일은 아니다. 1962년, 매사추세츠 공과대학교의 어느 교수가 지름 약 2미터, 깊이 약 15센티미터의 거대한 원형 싱크대를 만들었다. 그리고 이 안에 물을 채우고 24시간 동안 놓아두었다. 물이 출렁이지 않도록 바람을 차단하고, 싱크대가 있는 방의 온도는 일정하게 유지했다. 그 후 배수구 마개를 뽑자 물이 다 빠지는 데 20분이 걸렸다. 실험을 몇 번 더 반복했지만 코리올리효과를 근거로 예측한 대로 매번 시계 반대 방향으로 물이 회전하며 빠졌다. 작은 규모에서 코리올리효과를 관찰하려면 이렇게 상당한 노력을 기울여야 한다.

그렇다면 나는 북반구에 있는데 왜 집에 있는 싱크대의 물은 항상 시계 방향으로 회전하는 것일까? 그 해답은 첫 번째로는 싱크대의 형태, 두 번째로는 찬물이 나오는 수도꼭지의 수압, 그리고 마지막으로 거의 모든 국가에서는 찬물이 나오는 수도꼭지가 싱크대의 오른편에 위치하는 것이 표준이라는 사실에 있다. 냉수의 수압이 온수의 수압보다 높을 가능성이 크기 때문에 양쪽 수도꼭지를 모두 틀어 싱크대를 채우면 냉수가 오른쪽에서부터 시계 방향으로 회전하게 된다. 배수구 마개를 뽑으면 물이 그 상태로 회전을 계속하면서 소용돌이의 방향도 시계 방향이 된다. 코리올리효과는 미미해서 이 흐름을 바꾸지 못한다.

　사전에 물의 흐름이 전혀 존재하지 않는 거대한 싱크대를 갖고 있지 않는 한 코리올리효과는 일반적인 싱크대나 욕조에서는 너무 작아서 관찰하기 힘들다. 싱크대 가장자리에서 중심까지 물이 움직이는 거리는 지구의 크기에 비하면 거의 존재하지 않는다고 해도 좋을 정도로 짧다. 물이 빠지는 1분 정도의 시간도 지구의 자전 시간에 비하면 턱없이 짧다.

　그렇다면 마이클 페일린과 여러 관광객이 적도 지방에서 본 것은 무엇일까? 아마도 물이 예상되는 방향으로 움직이도록 유도한 것으로 보인다. 여러분도 각자 집에서 시도해볼 수 있다. 세면대 안에 물을 부을 때 살짝 한쪽으로 치우치게 붓는 것이다. 이렇게 하면 물이 살짝, 하지만 눈에 보이지 않게 회전한다. 물을 붓는 방향을 바꾸면 소용돌이의 방향도 바꿀 수 있다. 그리고 배수구 마개를 뽑으면 시계 방향이든 반시계 방향이든 여러분이 원하는 방향으로 물이 빠지게 만들 수 있다. 즉, 코리올리효과는 지구의 기후를 좌우하는 실제 현상이지만 세면대 안에서 그 현상을 관찰하려면 약간의 손재간을 부리는 수밖에 없다.

아인슈타인과 휴대폰

아인슈타인은 여러 놀라운 사실들로 유명하다. 그중에는 물론 그가 나이 들면서 갖게 된 멋진 헤어스타일도 포함된다. 하지만 더 중요한 것은 상대성이론일 것이다. 특수상대성과 일반상대성을 아우르는 상대성이론은 시간과 중력, 속도가 서로 교차하는 방식을 설명해준다. 다만 상대론적 효과를 볼 수 있는 것은 어마어마한 거리에 걸쳐, 혹은 빛의 속도에 가깝게 이동할 때뿐이다. 하지만 여러분의 주머니 속에도 아인슈타인의 천재적인 이론을 근사하게 보여주는 도구가 있다. 바로 휴대폰이다.

　거의 모든 스마트폰 안에는 내장 안테나에 부착된 작은 칩이 있는데, 이 칩을 통해 그 스마트폰이 지구상의 어느 지점에 있는지를 약 3~4미터 범위 내로 정확하게 계산해낸다. 이 역할을 담당하고 있는 전 지구 위치 파악 시스템 또는 GPS는 지구 궤도를 도는 위성들뿐만 아니라 상대성이론의 도움도 받고 있다.

GPS 위성의 역할은 아주 간단하다. 메시지를 보내는 시간과 위성의 정확한 위치에 관한 정보를 담은 무선 신호를 30초마다 송신하는 것이다. 메시지 송신 시간은 위성에 탑재된 원자시계로 측정하는 것인데, 이 시계의 오차는 1억 3,800만 년에 약 1초 정도다. 위성의 위치를 아는 것도 그리 어렵지 않다. 지구의 대기권 위를 돌고 있기 때문에 기본적인 운동 법칙을 이용하면 그 움직임을 매우 예측하기 쉽다. 그뿐만 아니라 모든 GPS 위성은 아주 작은 오차도 수정할 수 있도록 지상의 레이더가 끊임없이 감시하고 있다. 이 모든 정보를 종합해 정확히 30초마다 지구로 메시지를 송신하는 것이다.

우리가 쓰는 휴대폰이 이 신호를 수신해도 그 자체로는 쓸모가 없다. 30초 단위로 세 개의 서로 다른 위성에서 온 신호를 수집해야 삼변측량법이라고 불리는 복잡한 계산을 시작할 수 있다. 이것은 삼각측량법과는 다른 방법이다. 휴대폰이 위성 신호가 들어오는 각도를 파악하지는 못하기 때문이다. 하지만 신호가 도착한 시간은 확실히 알 수 있다. 휴대폰 자체에 시계가 있기 때문이다. 신호를 보낸 시각과 받은 시각의 차이를 통해 이 메시지가 휴대폰까지 도착하는 데 걸린 시간을 알 수 있다.

또한 무선 메시지는 빛의 속도로 이동한다는 사실을 알기 때문에 신호를 보낸 위성이 얼마나 떨어져 있는지도 계산할 수 있다. 세 개의 위성으로부터 신호를 받아 이 위성들이 언제 어디서 메시지를 보냈는지 알게 되면 삼변측량법을 사용해 휴대폰의 위치를 알아내는 것이 가능하다.

여기에 사용되는 수학은 좀 복잡하다. 특히 3차원 상에서는 더욱 그렇다. 쉽게 설명하기 위해 일단은 한 차원을 없애고 2차원 평면 위의 상황을 생각해보자. 가장자리에 나무 세 그루가 자라고 있는 들판을 상상해보라. 들판에 소 한 마리가 앉아 있다. 들판에 들어가지 않고 소의 위치를 알아내고 싶을 때 삼변측량법을 사용할 수 있다. 먼저 첫 번째 나무와 소 사이의 거리를 측정한다. 이제 컴퍼스를 이용해 지도상에서 이 나무를 중심으로 원을 그린다. 이때 원의 지름은 첫 번째 측정값을 일정한 비율로 축소한 것이다. 소는 이 원 위 어딘가에 앉아 있을 것이다. 두 번째 나무에 대해서도 이 방법을 반복하면 지도 위에 두 개의 점에서 교차하는 두 개의 원이 생긴다. 이 두 점 중 하나에 소가 앉아 있을 것이다. 세 번째 나무를 이용해 세 번째 원을 그리면 이 세 개의 원이 교차하는 한 점 위에 소가 앉아 있다는 것을 확실히 알 수 있다.

여러분의 휴대폰은 이 모든 계산을 줄자나 소, 컴퍼스 없이도 수학적으로 해낼 수 있다. 여기서 주의해야 할 점이 있다. 실제로는 3차원에서 일어나기 때문에 원이 아니라 구를 이용해 계산해야 한다. 이렇게 계산하면 가능한 위치가 한 지점이 아니라 두 지점이 나오는데, 다행히 둘 중 하나는 지표면 상에 있고 나머지 하나

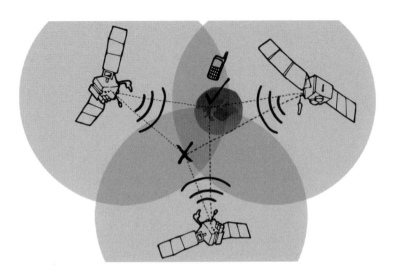

GPS 위성과 삼변측량법으로 휴대폰의 위치를 알 수 있다.

는 우주 공간에 위치해 있을 것이다. 따라서 영리한 GPS 시스템은 이 두 번째 위치를 무시해버린다. 또한 계산 결과 나오는 위치 또한 3차원이어서 2차원 지도상에서의 위치뿐만 아니라 높이에 대한 정보까지 알 수 있다.

위성이 메시지를 보낸 시간만 가지고 알아내는 것치고는 상당히 훌륭한 계산법이다. 하지만 상대성이론을 고려하지 않으면 GPS는 형편없이 부정확해져버린다.

특수상대성이론에 따르면 빠르게 움직일수록 움직이지 않는 관찰자에 비해 시간이 더 느리게 흐른다. 우리가 일상생활을 할 때는 이것이 크게 문제되지 않지만 GPS 위성은 시속 14,000킬로미터로 지구 주변을 돌고 있다. 이 속도에서는 위성에 탑재된 원자시계가 하루에 7마이크로초*씩 느려진다. 게다가 일반상대성이론도 고려해야 한다. 이 이론에 따르면 중력의 힘이 약해질수록 시간은 상대적으로 더 빠르게 흐른다. GPS 위성은 2만 킬로미터 상공에서 궤도를 돌고 있기 때문에 지구의 중력이 더 약하게 작용해 원자시계가 하루에 45마이크로초씩 빨라진다. 결과적으로 이 원자시계는 매일 38마이크로초씩 빨라지고 있다.

이 정도는 너무 적은 숫자라 걱정할 필요가 없어 보일지도 모른다. 하지만 이것을 휴대폰 속에 있는 GPS 마이크로프로세서의 삼변측량 계산에 대입하면 무려 11킬로미터의 오차가 난다. 이것을 지속적으로 수정해주지 않으면 이 오차는 매일 11킬로미터씩 늘어날 것이다. 일주일 후면 GPS는 여러분의 실제 위치와 80킬로미터나 차이 나는 위치를 알려주게 된다. 다행히 GPS 위성을 만드는 사람들은 아인슈타인의 상대성이론을 아주 잘 알고 있기 때문에 위성에 탑재된 원자시계가 매일 38마이크로초씩 빨라지는 것을 고려해서 조정한다.

우리는 수 세기 동안 지구상에서 우리의 정확한 위치를 알아내기 위해 애써왔다. 이 문제를 해결하는 데 거액의 돈과 어마어마한 노력이 들었다. 이 문제를 놀랍도록 정확하게 해결할 수 있게 된 것은 GPS 시스템 덕분이지만 여기에는 20세기 물리학의 두 기

* 1마이크로초는 100만분의 1초를 말한다.

둥 중 하나에 대한 이해가 바탕이 되었다.

나는 특수상대성이론과 일반상대성이론을 이해하는 데 애를 먹고 있지만 나 외에도 많은 사람이 그렇다는 것을 알고 있다. 자세한 원리는 모르더라도 우리가 쓰는 휴대폰 안에 아인슈타인의 이론이 옳았음을 멋지게 증명해주는 GPS 시스템이 있다는 사실 정도는 알아둘 만하다.

연기 감지기의 종류

연기 감지기는 놀라울 정도로 널리 쓰이는 가정용품이 되었는데 여기에는 그럴 만한 이유가 있다. 전 세계적 통계에 따르면 가정에 연기 감지기를 설치했을 경우 화재가 발생했을 때 생존 확률이 두 배나 높아진다고 한다. 전 세계의 소방 기관들이 연기 감지기에 많은 관심을 보이는 이유는 연기 감지기를 통해 사람들에게 불이 난 것을 더 빨리 알려주어 인명을 구할 수 있을 뿐만 아니라, 소방서에 더 빨리 연락해서 화재가 커지기 전에 도착할 수 있도록 해주기 때문이다.

우리는 연기 감지기의 효과에는 고마워하면서도 그 안에 숨어 있는 놀라운 기술은 간과할 때가 많다. 연기 감지기의 유형은 크게 두 가지로 나뉘는데 각각 조금 다른 종류의 화재 경보에 적합하다.

불이 나서 비가연성 물질을 태우기 시작하면 연기가 나는 화재가 발생한다. 이 연기는 커다란 그을음 입자들로 이루어진다. 커다랗다는 것은 상대적인 것으로 그래보았자 직경 100분의 1밀리미터 정도밖에 되지 않는다. 이러한 입자를 감지하려면 광전식 감지기가 필요하다. 이 감지기 안에는 배터리, 사이렌, 그리고 여러 전자장치 외에도 작은 검은색 감지실이 있다. 이 감지실 한쪽 끝에는 방 안을 비추는 광원이 있다. 최신식 감지기에서는 이 광원이 일종의 발광 다이오드LED로 대개 비가시광선인 적외선을 방출한다. 그리고 이 감지실 안에는 광원과 다른 방향을 향하고 있는 광다이오드Photodiode가 있다. 광다이오드는 LED와 반대로 빛을 받으면 소량의 전류가 발생한다. 아주 작은 태양 전지판을 상상하면 된다. LED는 광다이오드 쪽을 향하고 있지 않고 빛은 직선으로 이동하기 때문에, 광다이오드에는 빛이 닿지 않는다. 따라서 전류도 흐르지 않고 감지기도 울리지 않는다. 연기가 나는 화재가 발생하면 커다란 그을음 입자들이 발생한다. 이것이 뜨거운 기류를 타고 천장까지 올라와 감지실 끝의 구멍을 통해 안으로 들어간다. 감지실 벽만 비추고 있던 LED의 빛이 이 그을음 입자와 닿으면 반사가 일어난다. 이 튕겨나간 빛은 사방으로 흩어지다가 그 일부가 광다이오드에 닿는다. 그 결과 광다이오드가 발생시키는 소량의 전류를 감지기가 감지하고 사이렌을 울린다.

연기가 나지 않고, 불꽃이 치솟으면서 빠르게 타들어가고, 그을음의 입자가 약 천 배쯤 더 작은 종류의 화재라면 다른 종류의 감지기가 필요하다. 이렇게 작은 입자를 감지하려면 이온화식 연기 감지기가 필요하다. 이 감지기의 중심에는 매우 놀라운 물질이 있다. 바로 완전히 인공적으로 합성된 원소인 아메리슘americium이다. 아메리슘은 1944년 미국 캘리포니아대학교에서 처음 만들어진 방사성 원소다. 연기 감지기에 이 물질이 들어가기 때문에 가끔 방사능 문제를 우려하는 사람들이 있다. 하지만 감지기 안에 들어가는 아메리슘의 양은 약 0.33마이크로그램 정도로 극소량에 불과하다. 여러분의 주방에 있는 고운 소금 입자 하나보다도 천 배나 더 가벼운 무게다. 연기 감지기 안의 아메리슘은 강철 용기 안에 담겨 있고 그것 또한 금속으로 주변이 밀폐되어 있다. 아메리슘이 생성하는 방사선의 종류를 알파입자라고 하는데 이것은 다른 방사선에 비해 크기가 크다. 알파입자는 아주 얇은 금속차단막으로도 완전히 차단할 수 있다. 감지기 안에 안전하게 보관된 채로 알파입자는 두 개의 금속판 사이를 왔다 갔다 한다. 알파입자가 금속판 사이의 기체 분자에 닿으면 전자를 빼앗아 이온이라는 전하를 띤 입자를 생성한다. 이러한 현상 때문에 이온화식 연기 감지기라고 부르는 것이다. 이 입자들은 전하를 띠고 있기 때문에 금속판 사이에 아주 소량의 전류가 흐른다. 연기 입자가 이 안에 들어오면 그 크기와 상관없이 알파입자의 충돌로 만들어진 이온이 달라붙어 전류의 흐름이 멈춘다. 전류가 멈추면 경보가 울린다.

그렇다면 가정에는 어떤 종류의 감지기를 설치해야 할까? 두 종류 모두 화재를 감지하지만 각각 서로 다른 종류의 불을 더 빨리 감지한다. 일부 국가에서는 이온화식 감지기를 추천하지 않으며 아예 금지하는 곳도 있다. 하지만 이런 종류는 토스트를 태운다거나 하는 일상적인 사고로 인해 감지기가 잘못 울리는 일이 더 적다. 어떤 연기 감지기가 더 낫다고 할 수는 없으니 둘 중에 선택할 수 있다면 소방서에 전화해 조언을 얻도록 하라. 한 가지 잊지 말아야 할 점은 가정에 설치된 연기 감지기의 약 3분의 1 정도가 제대로 작동하지 않는다는 것이다. 배터리가 다 되었거나 먼지가 너무 많이 끼었거나 그 위에 페인트를 칠해버린 경우도 있다. 단지 연기 감지기를 설치하는 것만으로는 부족하다. 주기적으로 관리하고 테스트해보아야 한다.

작아지는 트랜지스터와 무어의 법칙

2005년 봄, 세계 최대의 반도체 제조업체인 인텔사는《일렉트로닉스 매거진Electronics Magazine》1965년 4월호를 구하는 광고를 이베이eBay에 싣고 1만 달러의 보상금을 내걸었다. 한편 대서양 반대편에는 데이비드 클라크라는 사람이 살고 있었다. 그는 수집광으로서 자기 자신을 스스로도 인정하는 사람인데, 이 광고를 보고 자신의 행운을 직감했다. 마치 그런 일을 기다리기라도 했던 것처럼 그의 집 마루 아래에는 새것처럼 깨끗한《일렉트로닉스 매거진》도 여러 권 숨겨져 있었다. 그중에는 엄청난 가치를 지니게 된 1965년 4월호도 포함되어 있었다. 데이비드 클라크는 당시 환율로 1만 달러에 상당하는 5,281유로를 받았다.

실리콘칩 제조업계의 거인인 인텔사가 40년 정도 된 잡지 하나를 보유하기 위해 애쓴 이유는 이 잡지의 114쪽에서 117쪽에 실린 기사 때문이었다. 고든 무어Gordon Moore가 전자 산업의 미래를 예측하여 쓴 기사였다. 전자 산업은 1947년, 실리콘칩의 기본 구성 요소인 트랜지스터의 발명과 함께 시작되었다. 무어는 그 후부터 하나의 칩 안에 들어가는 트랜지스터의 수가 2년마다 2배씩 늘어났다는 사실을 발견했다. 그는 이러한 현상이 가까운 미래에도 계속되리라고 전망했다. 무어의 관찰 결과는 무어의 법칙Moore's law으로 알려지게 되었고, 최근까지도 유효하게 통했다. 이 기사를 쓴 지 3년 후 고든 무어는 인텔사를 공동 창립했다. 37년이 지난 후, 업계의 거물이 된 이 회사는 고전이 된 그 기사를 소장하고 있지 않다는 것을 깨달았던 것이다.

무어의 예측은 놀라울 정도로 들어맞았다. 무어가 그 기사를 쓰던 전자 산업 초기부터 개인용 컴퓨터 산업이 꽃을 피우던 1980년대를 지날 때까지 트랜지스터의 수와 그에 따른 처리 능력은 2년마다 2배씩 증가했다. 1978년, 우리는 2만 개가 넘는 트랜지스터가 들어 있는 인텔 8086이 출시되는 것을 보면서 컴퓨터칩 기술이 최절정에 도달했다고 생각했다. 하지만 무어가 예측한 대로 그 후 칩의 개수가 2배씩 17번 증가한 지금, 최신 마이크로프로세서에는 25억 개라는 어마어마한 양의 트랜지스터가 들어가 있다. 0이 4개 붙은 2만 개에서 0이 9개 붙은 20억 개가 된 것이다.

비록 자기 충족적 예언의 기미가 느껴지기는 하지만 이렇게 규모가 커지는 과정이 무어의 법칙이 예측한 결과와 거의 일치했다는 사실은 매우 놀랍다. 2000년 이후 반도체 업계에서는 〈국제 반도체 기술 로드맵International Technology Roadmap for Semiconductors〉이라는 문서를 발행해왔다. 여기에는 마이크로프로세서의 트랜지스터 숫자와 같은 이 업계의 목표들이 서술되어 있는데, 이러한 목표를 설정하는 데 부분적으로 무어의 법칙을 참고한다.

안타깝게도 무어의 법칙은 필연적으로 깨지게 되어 있다. 무어 본인도 "이 법칙이 영원히 지속될 수는 없다. 기하급수적 성장은 계속 밀어붙일 경우 반드시 재앙이 발생하는 성질을 지니고 있다"라고 말한 바 있다. 재앙이 발생할지는 확실하지 않지만 영원히 지속될 수 없다는 말은 맞다. 무어의 법칙이 예측한 대로 트랜지스터의 숫자가 많아지려면 트랜지스터의 크기는 점점 더 줄어들어야 한다. 결국 트랜지스터가 원자보다도 작아지는 시점이 와야 하는데 이것은 확실히 불가능하다.

아니, 불가능하다고 말할 수는 없을지도 모른다. 우리는 이미 그 정도로 작게 만드는 단계에 도달했기 때문이다. 하지만 이 문제에 조금 더 영리하게 접근할 수 있는 대안이 있을지도 모른다. 실리콘칩에는 트랜지스터뿐만 아니라 여러 연결 장치가 들어간다. 마이크로프로세서 설계 분야에서 가장 크게 도약한 것 중 하나는 공간을 덜 차지하는 트랜지스터 연결 방식을 개발하면서 트랜지스터가 들어갈 공간을 더 늘린 것이었다. 연구자들은 트랜지스터가 더 많은 일을 할 수 있는 방법들도 고안해냈다.

무어의 법칙이 얼마나 더 지나야 유효성을 잃게 될지는 알 수 없다. 일부 분석가들은 우리가 이미 그 지점을 지났으며 앞으로 몇 년 후면 트랜지스터의 증가량이 정체기에 도달할 것이라고 생각한다. 하지만 무어 본인을 포함하여 아직 시간이 더 남았다고 생각하는 사람들도 있다. 어쩌면 20년쯤 지나야 무어의 법칙과 어긋나는 현실을 보게 될지도 모른다. 하지만 컴퓨터의 역사에서 무어의 법칙은 대처가 불가능해 보이는 또 다른 장애물들과 여러 번 마주쳐왔다. 이런 일이 일어날 때마다 새로운 접근법 혹은 천재적인 기술이 개발되어 2년마다 트랜지스터 수를 2배로 늘릴 수 있게 해주었다. 무어는 자신의 이름을 딴 이 법칙을 '머피의 법칙의 위반'이라고 묘사한 적 있다. 머피의 법칙은 무언가가 잘못될 수 있다고 예측하면 결국 잘못되는 현상을 가리킨다. 무어의 법칙은 아직 유효할지 모른다. 그리고 무어가 말한 대로 "모든 것은 점점 더 좋아진다".

시계 속에서 진동하는 수정

지금 몇 시인가? 여러분이 잠시 시간을 확인하는 데 사용한 도구 안에는 석영 결정이 들어 있었을 가능성이 높다. 시계의 문자판 위를 보면 작은 글자로 쿼츠 시계라고 쓰여 있는 경우가 많다. 하지만 눈에 보이는 증거는 없다. 여러분이 시계를 직접 분해해본다고 해도 수정(석영의 결정을 수정이라 부른다)을 찾기는 어려울 것이다.

석영은 굉장히 흔한 물질이며, 세계에서 두 번째로 풍부한 광물이다. 여러분이 해변의 모래사장을 보거나 걸을 때 그 모래는 대부분 석영으로 이루어져 있다. 석영은 실리콘 원자와 산소 원자가 서로 결합되어 결정 구조를 이룬다. 장점이 참으로 많은 광물이다. 아주 단단하고, 투명하고, 인공적으로 제조할 수 있으며, 피에

조전기piezoelectricity라는 독특한 현상을 일으킨다.

1880년, 마리 스클로도프스카Marie Sklodowska와 결혼하기 한참 전이었던 피에르 퀴리Pierre Curie는 석영 결정을 압축하면 소량의 전류가 발생한다는 사실을 발견했다. 이 현상에는 피에조전기 효과piezoelectric effect라는 이름이 붙여졌고, 1년 후 피에르 퀴리는 이 현상이 반대로도 일어난다는 사실을 증명했다. 즉, 석영 결정에 전류를 흘리면 그 형태가 살짝 변형되는 것이다. 전류를 차단하면 수정은 다시 원래 형태로 돌아오고 이때 순간적으로 전기가 발생한다. 그로부터 약 30년 후 벨 전화연구소의 연구원들은 석영으로 작은 소리굽쇠를 만들고, 여기에 전기 펄스를 가하면 공명을 일으킬 수 있다는 사실을 발견했다.

사물에 공명 현상을 일으키는 공명수를 공명 주파수resonant frequency라고 한다. 어린아이가 그네를 타는 모습을 상상해보자. 그네는 2~3초에 한 번씩 앞뒤로 움직인다. 이것이 그네의 공명 주파수다. 만약 그네를 점점 더 높이 올리고 싶다면 이 주파수로 그네를 계속 밀어야 한다. 그네를 더 빨리, 더 높은 주파수로 밀려고 해도 잘되지 않을 것이다. 그네는 정해진 공명 주파수로만 밀 수 있기 때문이다. 모든 물체는 물리적 성질에 의해 결정되는 고유의 공명 주파수를 지니고 있다. 그네의 공명 주파수는 그네 줄의 길이에 달려 있다.

쿼츠 시계 안에는 몇 밀리미터 크기의 작은 금속 부품이 들어 있다. 이 안에 수정 진동자가 들어 있는데, 요즘은 대개 소리굽쇠

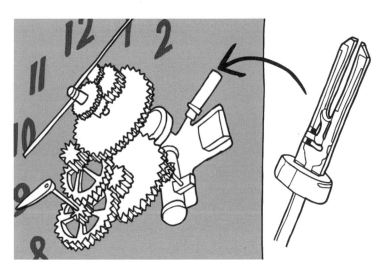

진동하는 수정이 시간을 알려준다.

형태가 아니라 원형으로 되어 있다. 수정에 전기 펄스를 가하면 진동하기 시작하며, 이 진동은 수정의 공명 주파수에서 가장 강해질 것이다. 각각의 진동이 끝날 때마다 수정은 이완되면서 미세한 전기 펄스를 방출한다. 수정에서 나오는 전기 펄스의 주파수를 이용해 펄스를 가하는 타이밍을 맞추면, 수정이 정확히 공명 주파수에서 강하게 진동하도록 할 수 있다. 수정은 레이저 절단기로 잘라 1초에 정확히 32,768회 진동하도록 만든다. 정확하다는 것은 오차가 초당 1,000분의 1회 이내라는 뜻이다.

  1초에 32,768회로 진동하게 하는 이유는 수정이 진동하기 쉬운 주파수 범위 안에 있는 동시에 무엇보다도 이 숫자를 2로 15번

나누면 초당 1회가 되기 때문이다. 수정의 공명을 일으키는 이 교묘한 장치 옆에는 수정에서 나오는 전기 펄스를 세는 두 번째 회로가 있다. 2로 거듭 나누는 방법을 사용하여 이 회로는 정확히 초당 1회의 전기 펄스를 발생시킬 수 있다. 여기서부터는 작은 모터와 간단한 장치로 이 펄스를 시계침의 움직임으로 바꾸기만 하면 된다.

여러분은 이 모든 것이 훌륭하기는 하지만 낡은 기술이라고 생각할지 모른다. 컴퓨터와 스마트폰은 시간을 인터넷에서 다운로드해 자동적으로 알 수 있다. 하지만 인터넷 없이도 여전히 시간을 측정할 수 있어야 한다. 오늘날 시간을 알려주는 모든 도구에는 실시간 시계 회로라는 것이 포함되어 있는데, 이 안에는 초당 32,768회로 진동하고 있는 작은 수정 진동자가 들어 있다.

배터리가 다 되었을 때

전지電池는 1800년에 발명되었다. 이 획기적인 발명품을 만든 사람은 알레산드로 볼타Alessandro Volta다. 이 이탈리아인의 이름은 훗날 전기에너지의 단위로서 길이 남게 되었다. 그때까지 전기적인 현상을 이해하는 범위는 기껏해야 잠깐 번쩍 튀는 정전기 이상을 넘어서지 못했다. 하지만 볼타는 구리판과 아연판 사이에 황산을 적신 종이를 끼워 전류 흐름이 지속되도록 했다. 구리판과 아연판 한 쌍이 약 0.75볼트의 전기를 생산했다. 물론 그 당시에는 이것을 측정할 방법도 없었고 볼트의 개념도 없었다. 이런 판들을 충분히 쌓아 올려 전지를 만들면 더 큰 전압을 생산할 수 있었다. 과학자들은 곧장 흥미로운 전기적 실험들을 하기 시작했다.

하지만 과거에도 현재에도 해결되지 않은 문제점이 있다. 모든 전지는 닳는다는 것이다. 여러분에게도 익숙한 사실일 것이다. 볼타가 발명한 전지는 현재 수많은 가정용품에 사용되고 있을 정도로 일상에 없어서는 안 될 물건이 되었기 때문이다. 하지만 재충전이 가능한 전지조차 결국에는 수명이 다하게 된다.

이러한 현상이 일어나는 이유를 이해하려면 전지가 화학적 형태로 보유되고 있는 에너지라는 점을 알아야 한다. 모든 전지 안에는 두 개의 서로 다른, 그리고 대부분 고체 상태인 화학물질이 또 다른 종류의 액체 물질에 의해 연결되어 있다. 볼타는 고체 구리와 고체 아연을 황산으로 연결했지만 그 외에도 무수히 많은 조합이 가능하다. 화학물질 종류에 상관없이 이 사이에서 일어나는 화학반응은 동일하다. 전지의 한쪽 끝에서 일어나는 화학반응을 통해 전자들이 방출된다. 이 전자들은 양쪽을 연결하는 액체를 타고 이동하여 다른 한쪽으로 가서 축적된다. 기본 원리는 간단하다.

전지의 기발한 점은 이 화학반응이 오직 전지를 전기회로에 연결했을 때만 일어난다는 사실이다. 전지를 회로에서 분리하면 전지 한쪽에 축적된 전자들이 갈 곳이 없어지기 때문에 화학반응이 정지된다. 전지에 저장된 화학적 에너지는 전기회로에 다시 연결할 때까지 그곳에 보관되어 있다. 회로에 연결하면 축적된 전자가 다시 움직일 수 있다. 이렇게 되면 막혀 있던 흐름이 풀려서 다시 화학반응이 일어나기 시작한다.

화학반응을 통한 전자 생산은 최초 물질이 소모되는 결과를 가져온다. 이 화학물질들이 다 떨어지면 전지는 수명을 다한다. 그 안에 저장된 전기의 재료를 다 썼기 때문이다.

오늘날 가장 흔하게 사용되는 일회용 전지는 알칼라인 전지다. 이 전지에는 아연, 구리와 황산이 아니라 아연 분말, 이산화망간과 액체 수산화칼륨이 들어 있다. 알칼리성이 높은 수산화칼륨 때문에 알칼라인 전지라는 이름이 붙은 것이다. 알칼라인 전지 내에서 화학반응이 진행되면 아연 분말은 산화아연으로 변하고 이산화망간은 삼산화이망간이 된다. 아연과 이산화망간의 대부분이 이런 변화를 거치고 나면 화학반응이 줄어들면서 전지도 죽음을 맞는다. 하지만 반드시 영구적인 죽음은 아니다.

전지를 재충전하려면 이 화학반응을 되돌려 화학물질이 초기 상태로 돌아가도록 해야 한다. 원리는 우스울 정도로 매우 간단하다. 모든 화학반응은 역반응이 가능하다. 따라서 전기가 전지를 통해 거꾸로 흐르도록 해서 화학반응이 거꾸로 일어나도록 하는 것이다.

평범한 알칼라인 전지도 재충전은 가능하지만 추천할 수 없는 이유가 몇 가지 있다. 산화아연이 다시 아연이 될 때 금속결정들이 잘못된 곳에 형성되면 아연과 이산화망간 사이의 연결 부위에 파열을 일으킨다. 이렇게 되면 온갖 종류의 새로운 반응이 일어날 수 있고 이 중 일부는 수소 가스를 발생시키기도 한다. 전지가 담겨 있는 통은 밀폐 상태이기 때문에 수소 가스가 발생하면 전지가 폭발해 내용물이 사방에 뿌려질 수 있다. 이 중에는 부식성이 강한 수산화칼륨도 포함되어 있다. 따라서 일반적인 알칼라인 전지는 재충전하지 않는 것이 좋다.

재충전이 가능한 전지를 만들려면 조금 더 복잡한 화학반응과 조금 더 복잡한 내부 구조가 필요하다. 그래야 역반응이 일어날 때 전지에 손상을 입히지 않고 처음 상태로 혹은 적어도 처음과 거의 동일한 상태로 돌아갈 수 있다. 재충전지에서 일어나는 역반응은 전지를 손상시키지는 않지만, 100퍼센트 효율적이지는 않다. 그리고 재충전지도 완전히 재생되는 데는 한계가 있다.

전자 장비 분야에서 전지battery라는 단어가 사용되게 된 것은 1748년, 미국 건국의 아버지이자 과학자였던 벤저민 프랭클린에 의해서였다. 프랭클린은 정렬된 대포를 가리키는 말이었던 '배터리'를 필라델피아에서 열었던 파티의 절정을 묘사하는 데 사용했다. 이 파티에서는 전기로 칠면조 구이 만들기, 전기가 통하는 잔으로 와인 마시기, 전기로 술에 불 붙이기 등 기발한 실험이 다양하게 이루어졌는데, 이 모든 실험의 하이라이트는 전기 배터리로 총을 발사하는 것이었다. 이때 배터리는 정전기를 일으키는 일련의 정전기 저장 장치를 가리키는 말로 쓰였는데, 이것이 볼타와 그의 전지의 전신이 되었다. 1800년 볼타가 전지를 발명하자 이 발명품은 재빨리 '배터리'라고 불리게 되었다.

조금 더 아는 척하고 싶은 사람에게 이 사실은 중요한 의미를 지닌다. 볼타의 발명품과 달리 현대의 배터리 안에는 전지가 하나씩만 들어가기 때문이다. 전지가 하나라면 사실 '배터리'라고 할 수 없다. 하지만 이렇게 사소한 사실을 아는 척하는 것은 꼭 필요할 때만 하도록 하자. 그것보다는 배터리 또는 전지 안에 화학적 형태의 전기에너지가 저장되어 있다는 사실에 더 집중하기 바란다.

비눗방울 터뜨리기

어린아이가 아니라 누가 불고 있는 비눗방울이든 그것을 터뜨리는 사람은 잔인한 사람이다. 손가락으로 살짝 건드리기만 해도 터져버리는 비눗방울은 어떻게 보면 연약함 그 자체다. 너무 약하다 보니 특별히 건드리지 않아도 스스로 터져버리곤 한다. 하지만 때로는 굉장히 오랫동안 미풍 위를 떠다니는 비눗방울도 볼 수 있다. 비눗방울 뒤에 숨어 있는 과학을 들여다보면 이러한 관찰 결과가 동시에 존재하는 이유를 알 수 있다.

어린아이들이라면 잘 알겠지만 비눗방울을 불려면 물에 주방 세제를 많이 섞어야 한다. 여기서 중요한 요소는 세제의 분자(184쪽 참조)다. 이 분자들은 특이하게도 한쪽은 물을 끌어당기고

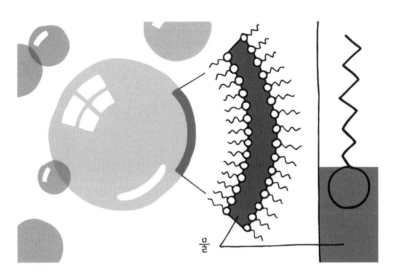

비눗방울의 '세제-물-세제 샌드위치'.

다른 한쪽은 물을 밀어내는 성질을 지니고 있다. 세제 분자가 물과 섞이면 비누막이라는 것을 형성한다. 이 막은 두 개의 세제층 사이에 물이 끼어 있는 샌드위치 같은 형태로 이루어진다. 세제층들은 분자 하나 정도의 두께밖에 되지 않지만 모든 분자가 빽빽하게 붙어서 같은 방향을 가리키고 있다. 세제 분자에서 물을 끌어당기는 부분은 모두 샌드위치 안의 물을 향하고, 물을 밀어내는 부분은 비누막을 둘러싼 공기 중을 향하도록 배열된다. 이 비누막을 둥글게 말면 원형의 비눗방울이 된다.

여기서 흥미로운 것은 비눗방울이 다양한 색으로 보이는 이유가 이 특이한 샌드위치 때문이라는 사실이다. 세제-물-세제로 이루어진 샌드위치는 놀라울 정도로 얇아서 두께가 100나노미터, 즉 1만분의 1밀리미터도 되지 않는다. 이것은 가시광선의 파장보다 짧은 길이다. 빛이 비눗방울에 닿으면 대부분은 그냥 통과해 지나간다. 하지만 일부는 비누막 앞쪽의 세제층에 튕겨나가고 일부는 샌드위치 안쪽에 있는 두 번째 세제층에 반사된다. 이렇게 해서 위상이 살짝 다른 두 종류의 반사광선이 생긴다. 빛은 파동의 형태로 이동하기 때문에 두 개의 파동이 서로를 상쇄시키는 것이 가능하다. 비누막에서도 이런 현상이 일어난다. 비누막의 두께에 따라 각기 다른 파장 즉, 빛의 각기 다른 색이 상쇄된다. 그러면 하얀 빛이 아니라 하얀 빛에서 상쇄된 색이 빠진 색으로 보인다. 예를 들면, 비누막의 두께가 약 430나노미터라면 노란색이 상쇄되기에 적당하므로 반사되는 광선은 파란색으로 보인다.

비눗방울의 색이 끊임없이 변하는 이유는 거품의 형태가 바뀌기 때문이기도 하고 시간이 지날수록 비누막이 얇아지기 때문이기도 하다. 비눗방울이 혼자서 터지는 이유도 여기에 있다. 거품이 말라버리는 것이다. 두 개의 세제층 사이에 낀 물은 분자 몇 개 정도의 두께밖에 되지 않아서 아주 추운 곳이 아닌 한 증발하게 된다. 증발한 물이 빠져나가면서 샌드위치 층은 점점 얇아진다. 그리고 결국 물이 모두 사라지면 두 개의 세제 막이 서로 만난다. 아무도 좋아하지 않는 속 빈 샌드위치가 되는 것이다. 세제만으로는 막을 형성할 수 없다. 반드시 그 사이에 물이 있어야 한다. 그러므로 막이 찢어지면서 작은 구멍이 생긴다. 일단 비누막에 구멍이 생기면 내부에 있는 물의 표면장력 때문에 어쩔 수 없이 구멍이 점점 커지고 결국 막 전체가 무너진다.

그렇다면 논리적으로 생각할 때 증발을 막을 수 있다면 비눗방울이 터지는 것도 막을 수 있을 것이다. 쉽게 생각할 수 있는 방법은 비눗방울을 습도 100퍼센트인 장소에서 만드는 것이다. 이 정도 습도면 증발이 일어나지 않을 것이다. 미국의 위대한 거품 묘기 전문가 아이펠 플래스터러Eiffel Plasterer가 바로 이 기술의 달인이었다. 그는 바닥에 물을 찰랑거리게 담은 커다란 병 안에서 비눗방울을 불었다. 이 물 덕분에 최대한 높은 습도가 유지되었고 플래스터러는 놀랍게도 340일 동안 지속되는 비눗방울을 만드는 기록을 세웠다.

비눗방울이 터지지 않게 하는 화학적 방법도 있다. 보습제는 물에 달라붙어 증발을 막아주는 분자들로 이루어져 있다. 설탕 시럽을 사용할 수도 있지만 그럴 경우에는 거품이 닿는 곳마다 끈적끈적해질 것이다. 글리세롤glycerol 혹은 글리세린glycerine이라고 불리는 맑고 끈기 있는 액체는 주변에서 쉽게 구할 수 있다. 슈퍼마켓에서 작은 병에 담아 파는데, 주로 식품을 촉촉하게 해주는 첨가물로 쓰인다. 특히 케이크 위에 입히는 프로스팅에 섞으면 너무 단단하게 굳어지는 것을 막아준다. 상점에서 살 수 있는 비눗방울 액에 글리세롤을 첨가하면 비눗방울의 지속 시간이 매우 길어진다. 내가 경험한 바로는 글리세롤과 주방 세제를 1:10 비율로 혼합하고 여기에 깨끗한 물을 더하면 훌륭한 비눗방울 액이 된다.

재료를 잘 섞은 다음 거품이 가라앉도록 하룻밤 정도 놓아둔다. 용액에 거품이 많으면 커다란 거품을 만드는 데 방해가 되기 때문이다. 이렇게 한 다음 불어보라. 크고 오래가는 거품을 만들 수 있을 것이다.

과학을 알리는 사람으로서 나는 무대와 카메라 앞에서 비눗방울을 여러 번 불어보았다. 한번은 세계 최대의 실내 비눗방울 기록을 갱신할 뻔한 적도 있었다. 슬프게도 크기가 조금 못 미쳤다. 거품 공연을 통해 큰 비눗방울은 대개 증발로 인해 터지는 것이 아니라는 사실을 배웠다. 관객들 앞에서는 증발이 일어날 기회가 거의 없다. 대개는 어린아이가 손가락으로 찔러서 터진다. 사실 생각해보면 손가락을 가만두지 못하는 건 어린아이들만이 아니다. 나이에 상관없이 모든 손가락은 비눗방울 파괴의 주범이다. 손가락이 세제와 물의 샌드위치에 닿으면 물이 밖으로 빠져나온다. 이렇게 되면 물이 증발할 때와 동일한 상황이 된다. 물이 없으면 샌드위치도 없다. 그러므로 슬프게도 비눗방울은 터져버리고 만다.

병으로 만든 옷

1979년, 미국의 몰든 밀즈Malden Mills사는 방모직물과 유사하면서도 더 개선된 효과를 노린 '폴라플리스Polar Fleece'라는 새로운 직물을 출시했다. 요즘은 어디에서나 쉽게 이 폴라플리스를 구입할 수 있다. 다만 몰든 밀즈의 기업주인 아론 포어스타인Aaron Feuerstein이 특허를 받지 않았기 때문에 그냥 플리스라고 흔히 불린다. 오늘날 얼마나 많은 양의 플리스가 생산되는지를 본다면 1979년의 포어스타인도 깜짝 놀랄 것이다. 그리고 그중 대부분은 재활용 플라스틱 병으로 만들어진다.

몰든 밀즈의 폴라플리스는 재활용이 아닌 합성 폴리에스테르 실만으로 만들어졌다. 이것 자체는 새로운 방법은 아니었지만 직조 후의 처리 방식은 매우 특별했다. 몰든 밀즈는 이 직물에 기존 가공 기술을 몇 가지 적용했다. 먼저 직물을 촘촘한 철제 빗으로 빗질을 하는 기모napping라는 단계를 거쳐 직물 표면에 작은 고리 모양으로 섬유가 일어서게 만들었다. 그다음 이 고리의 윗부분을 잘라내어 보송보송한 천을 만들었다. 처음에 폴라플리스는 배낭 여행자와 등산객 들에게 인기를 끌었지만 이제는 일상복에도 널리 사용된다. 추운 겨울을 대비해 플리스 옷을 마련해두지 않은 사람이 드물 정도다.

몰든 밀즈가 처음 플리스를 만들었을 무렵 폴리에스테르 천의 원료는 폴리에틸렌 테레프탈레이트PET, Polyethylene terephthalate, 즉 줄여서 페트라고 알려진 발음하기 힘든 이름의 플라스틱이었다. 당시 모든 페트는 원유에서 얻은 화학물질로 만들어졌다. 그런데 알고 보니 페트 플라스틱은 섬유를 생산하는 것뿐만 아니라 병을 만드는 데도 완벽한 재료였다. 현재 전 세계의 음료수 제조 산업이 이 페트에 의존하고 있다. 페트가 유용한 이유는 열가소성 물질이기 때문이다. 이는 열을 가했을 때 다시 액체로 돌아가는 성질을 뜻한다. 빈 페트병을 250도로 가열하면 녹아내린다. 이 액체를 샤워꼭지처럼 생긴 방사구spinneret에 통과시키면 폴리에스테르 섬유가 만들어진다. 간단하게 들리지만 실제로는 훨씬 복잡한 작업이며, 이런 결과를 얻을 수 있는 것은 재활용 산업이 발전했기 때문에 가능한 일이다.

이제 우리는 사용한 페트병을 모아 재활용하는 것을 당연하게 여기게 되었다. 수집한 병들이 플리스로 다시 태어나기까지는 기나긴 여정이 기다리고 있다. 대부분 이 여정은 말 그대로 먼 거리의 이동을 뜻한다. 먼저 페트병들 사이에서 쓸데없는 물질, 이를테면 나뭇가지나 잘못 분류된 캔 같은 것을 수작업으로 골라낸다. 선별이 끝난 병들은 거의 대부분 극동 지방으로 운송된다. 여기에서 병들을 분쇄하는데, 이때 병뚜껑은 다른 종류의 플라스틱, 즉 고밀도 폴리에틸렌으로 만들어지기 때문에 물을 사용해 분리한다. 고밀도 폴리에틸렌은 이름과 달리 물에 뜨고 페트는 가라앉기 때문이다. 남아 있는 종이 라벨과 접착제를 제거하는 일은 더 큰 문제다. 제거하는 작업에는 가성 소다와 같은 불쾌한 화학물질들이 사용된다. 이 과정이 끝나면 물에 젖은 깨끗한 페트병 조각들이 남는데, 이때 물이 문제가 된다. 페트를 녹일 때 물기가 남아 있으면 이 물이 플라스틱 안으로 들어가 분해를 일으키기 시작한다. 따라서 페트 재활용 기업의 골칫거리 중 하나는 페트 조각들을 녹이기 전에 에너지 효율적인 방식으로 건조시키는 일이다. 건조가 끝나면 마침내 페트 조각들은 섬유가 될 준비가 끝나지만 그 이후의 과정은 한층 더 번거롭다.

먼저 이 페트 조각들을 녹여서 방사구에 통과시켜 섬유로 만든다. 하지만 이 섬유는 충분히 가늘지 않기 때문에 다시 열을 가해서 편다. 그 후 주름을 잡고 잘게 잘라서 약 4센티미터 길이의 구불구불한 가닥을 만든다. 이것은 베개나 인형의 속을 채울 때 사용하기도 하고, 빗질을 거쳐 실을 만들기도 한다. 드디어 폴리에

스테르 직물을 만들고, 몰든 밀즈가 개발한 가공 처리를 할 수 있게 된 것이다. 하지만 1979년과 달리 원유가 아니라 플라스틱 병을 원료로 한 플리스가 만들어질 것이다.

양털의 비밀

양모는 놀라운 물질이다. 양모를 이용하면 아주 따뜻하고 튼튼하고 구김이 잘 가지 않고 통기성도 뛰어난 옷을 만들 수 있다. 물론 한두 가지 면에서 양모보다 우수한 고급 직물들도 있지만 모든 면에서 두루 뛰어난 천연 직물을 원한다면 양모만 한 것이 없다. 하지만 양모에는 한 가지 커다란 단점이 있다. 주의해서 세탁하지 않으면 부피가 줄어든다는 점이다. 나도 줄어든 스웨터를 여러 벌 가지고 있다. 그리고 그런 일을 겪을 때마다 왜 양들에게는 같은 문제가 발생하지 않는지 궁금했다. 비가 많이 내리는 지역에서도 털이 줄어들어 불편해하는 양은 본 적이 없으니 말이다.

양모의 주성분은 케라틴keratin이라는 단백질이다. 케라틴은 긴 나선형의 가닥들로 이루어지며, 이 가닥들이 한 번 더 서로 꼬여 있는 구조를 지니고 있다. 양모는 더 많은 케라틴이 함유된 죽은 세포층으로 덮여 있다. 기본적으로는 인간의 머리카락이나 다른 동물의 털과 동일한 구조다. 여기서 잠깐 다른 이야기를 하자면 사실 머리카락과 양털, 다른 동물의 털 사이에 드러나는 유일한 차이는 피부에서 자라나는 가닥의 밀도뿐이다. 남성형 탈모를 겪고 있지 않은 평균적인 인간의 머리에는 1제곱센티미터당 약 40개의 머리카락이 자라난다. 이에 비해 메리노 양의 피부에는 1제곱센티미터당 9천 가닥의 털이 분포하고 있다. 해달의 경우는 1제곱센티미터당 12만 가닥이 자라나 이 분야 최고 기록을 자랑한다. 내부 구조는 기본적으로는 같지만 더 빽빽하게 자라는 양털과 동물의 털은 가닥의 두께가 더 가는 경향이 있다.

양모가 실과 옷을 만들기에 적당한 이유는 곱슬거리는 성질과 탄성을 동시에 지니고 있기 때문이다. 탄성이란 늘어나도 다시 원래의 형태로 돌아온다는 뜻이다. 이것은 부분적으로 양모를 구성하는 케라틴 단백질의 나선형 가닥과 관계가 있지만 곱슬거리는 성질과도 관계가 있다. 양모는 자연적으로 구불구불한 형태를 지니며, 1센티미터당 1번에서 12번 정도 꼬여 있다. 양모 가닥은 용수철을 잡아 늘린 듯한 모양을 하고 있는데, 이런 나선 형태는 한쪽이 다른 한쪽보다 강도가 조금 더 높은 내부 구조 때문에 발생한다. 이러한 차이 때문에 울 섬유는 몇 번을 다시 펴든 언제나 나선 형태로 돌아온다. 곱슬거리는 성질과 케라틴의 구조가 양모를 신

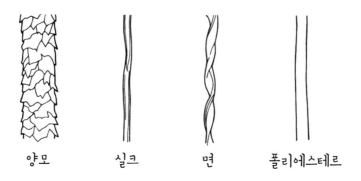

양모   실크   면   폴리에스테르

비늘로 덮인 양모 섬유와 더 매끄러운 대체품들.

축성 있는 섬유로 만들어준다.

　이제 양모 섬유 표면을 덮고 있는 케라틴 비늘 이야기로 돌아가
보자. 머리카락, 양모, 동물 털의 바깥쪽은 말라붙은 세포로 겹겹
이 덮여 있다. 헤어 제품 광고에서 보았겠지만 지붕 위에 덮인 타
일과 약간 비슷한 모양이다. 하지만 양모에서는 이 비늘이 평평하
게 누워 있지 않고 끝이 살짝 들려 올라가 있어 서로 엉키는 경향
이 있다. 드디어 양모로 만든 옷이 줄어드는 이유에 도달했다.

　양모를 뜨거운 비눗물에 넣으면 섬유가 물을 흡수하여 조금 부
풀어 오른다. 물이 꼭 뜨겁거나 비눗물일 필요는 없지만 이럴 경
우 부풀어 오르는 현상이 두드러진다. 양모가 부풀어 오를 때 비
늘의 끝은 평소보다 더 밀려 올라간다. 이 상태에서 양모를 흔들
기 시작하면, 이를테면 세탁기 안에서 빙빙 돌린다든가 하면, 비
늘들이 서로 엉키면서 섬유가 뭉친다. 게다가 뜨거운 물은 섬유

내부의 탄성을 약화시키기 때문에 비늘이 섬유를 끌어당길 때의 탄성 저항이 줄어든다. 그런 후에 양모를 말리고 식히면 탄성이 돌아오고 섬유는 더 단단하게 뭉쳐진다. 스웨터가 줄어들게 하는 데 성공한 것이다. 사실 이것은 펠트를 만드는 과정과도 유사하다. 펠트는 양모에 열과 압력을 가해 섬유가 양모의 탄성에 의해 단단히 뭉쳐지도록 만든 직물이다. 펠트도 나름대로 유용하게 쓰이지만 신축성이 적어 옷으로 만들어 입기에는 불편하다. 따라서 스웨터가 이렇게 변하면 곤란하다.

양모는 추운 날씨에서도 수축되곤 하므로 양의 털도 차가운 비를 맞으면 같은 운명을 맞게 될 거라고 생각할 수도 있다. 하지만 실제로는 그렇지 않다. 그 이유는 양털에 존재하는 또 다른 성분 때문이다.

라놀린lanolin은 양의 피부에서 분비되는 왁스와 비슷한 노란색 물질인데, 양털 하나 무게의 최대 4분의 1을 차지한다. 우리 피부에서 분비되어 머리카락을 기름지게 만드는(184쪽 참조) 피지와 유사한 물질이다. 라놀린은 양모 특유의 냄새가 나게 만드는 원인일 뿐만 아니라 방수 코팅 효과도 제공해 양털이 물에 흠뻑 젖지 않도록 해준다. 또한 양모 표면의 케라틴 비늘 위를 왁스처럼 덮어 서로 엉키지 않게 해준다. 즉, 양의 털이 수축되지 않는 것은 라놀린 덕분이다.

이론상으로는 우리가 입는 양모 옷도 라놀린에 적시면 줄어들지 않게 만들 수 있다. 하지만 여러분이 그 냄새를 견딜 수 있다고 해도 주변 사람들까지 그렇지는 않을 것이다. 다행히 기술이 발달하면서 기계 세탁이 가능한 양모도 개발되었다. 그래도 제일 좋아하는 스웨터를 세탁기에 넣기 전에는 반드시 라벨부터 확인해보기를 바란다. 기계 세탁을 가능하게 하는 한 가지 방법은 양모를 산성 용액에 잠깐 담가 표면의 비늘을 녹이는 것이다. 양모 비늘 위를 광택제로 코팅하는 방법도 있다. 어느 쪽이든 양에게서 분비되는 라놀린과 유사한 효과를 노리는 것으로서, 양모의 특성은 모두 지니면서도 수축되지 않는 섬유를 만들기 위한 것이다.

신선한 공기는 정말 몸에 좋다

서구인들에게는 신선한 공기와 햇빛이 몸에 좋다는 생각이 깊이 박혀 있다. 중세 시대에는 질병이 확산되는 것을 종종 탁하거나 악취가 나는 공기의 탓으로 돌렸다. 신선한 공기가 병을 치료할 수 있다는 생각은 최근까지도 널리 퍼져 있었다. 19세기에 플로렌스 나이팅게일Florence Nightingale 같은 의료 전문가들은 환자들에게 신선한 공기를 쐬도록 권장했으며, 결핵을 치료할 수 있는 유일한 방법은 요양원에서 지내는 것이었다. 요양원에서의 치료란 당시 가장 인기 있는 식이요법을 시행하며 야외에 내놓은 의자에 담요를 덮고 날씨에 상관없이 앉아 있는 것이었다. 이러한 치료법은 21세기 초까지 이어졌다. 신선한 공기와 햇빛은 만병통치약으로 여겨졌다.

현대의 의학적 지식으로 무장한 우리가 생각할 때는 어쩐지 웃음이 나오는 진기한 일이다. 햇빛이 체내 비타민 D 생성에 필수라는 것은 알고 있지만 햇빛과 신선한 공기를 병원 치료에 포함시킨 것은 시대에 뒤떨어진 생각으로 보인다. 창문으로 들어오는 햇살과 부드러운 바람을 쐬는 것이 심리적으로 도움이 될지는 몰라도 직접적인 의학적 효과는 없지 않을까?

그런데 과거의 의사들이 무언가를 알고 있었던 것은 틀림없는 것 같다. 이제 우리는 햇빛의 자외선이 세균을 죽이는 데 효과적이라는 사실을 알고 있다. 특히 207나노미터의 파장을 갖는 자외선은 작은 세균들에게 완전히 흡수되면서도 크기가 더 큰 인간의 세포에는 아주 적은 손상밖에 입히지 않는다. 흡수된 자외선 에너지는 세균의 DNA를 손상시켜 죽게 만든다.

신선한 공기가 병원의 환자들에게 미치는 영향은 더 흥미롭다. 바깥 공기를 직접 쐬는 것이 유익할 수도 있다는 가능성은 이미 몇 년 전에 제기되었다. 1990년 제1차 걸프전 당시 사우디아라비아에서 복무 중이던 미군들을 대상으로 연구가 이루어졌다. 그 결과 텐트에서 잔 군인들은 냉방 장치가 된 숙소에서 잔 군인들보다 감기에 덜 걸렸다는 사실이 발견되었다. 냉방 장치가 된 숙소 안에서 공기가 재활용되었기 때문에 전염률이 더 높아졌을 거라고 생각할지도 모른다. 하지만 에어컨은 공기를 거의 재활용하지 않고 필터를 거쳐 들어온 외부의 신선한 공기를 차갑게 만든다.

그리고 2012년 미국 오리건대학교의 제시카 그린Jessica Green
교수가 병실의 여러 표면에서 채취한 세균 샘플의 연구 결과를
발표했다. 샘플 중 일부는 냉방이 되는 병실에서 채취한 것이고
나머지는 주기적으로 창문을 여는 방에서 채취한 것이었다. 그
린 교수는 이 두 경우 세균의 수는 별로 다르지 않지만 종류는 서
로 다르다는 사실을 발견했다. 냉방이 되는 방에는 세균의 종류
가 더 적었지만 그중 많은 수가 인간에게 질병을 일으킬 수 있는
종류였다. 비누와 항균제로 병실을 규칙적으로 청소하면 세균을
대부분 죽일 수 있을 것이다. 하지만 이것은 끝이 없는 싸움일 뿐
방은 곧 다시 세균으로 가득해진다. 세균의 주된 근원은 물론 환
자들이다. 병원성 세균을 몸에 지니고 있는 환자들이 많기 때문
이다. 따라서 병원에 위험한 세균이 많다는 사실 자체는 놀라운
일이 아니다. 놀라운 것은 창문을 열어두면 위험한 세균들이 상
당수 사라진다는 것이다.

　　우리를 둘러싼 세균들의 생태계가 얼마나 풍부하고 다양하고
또 어디에나 존재하는지를 인식하게 된 지는 얼마 되지 않았다.
냉방 장치의 필터를 거치지 않은 신선한 공기 속에는 수없이 다양
한 세균들이 먼지 위와 물방울 안을 떠다니고 있다. 어떤 표면이
이 공기에 노출되면 세균이 자리 잡게 되고, 환경이 적합하다면
증식할 것이다. 세균은 대부분 무해하다. 질병이나 감염을 일으킬
가능성이 있는 소수의 세균들은 다른 수많은 세균들과 경쟁을 벌
여야 한다. 따라서 수적으로 우위를 차지하지 못하므로 우리에게

미치는 위험도 적다.

주기적으로 살균하는 병실 창문을 열면 그 표면은 나쁜 종류가 더 적게 포함된 세균들로 다시 덮일 것이다. 이렇게 말하면 병실 청소를 그만두고 창문만 열면 된다는 것 같지만 그렇게 간단하지는 않다. 정기적으로 청소하는 병실에는 전체적으로 세균이 적게 존재하고, 그것은 몸이 약한 환자들에게 좋은 일이다. 하지만 청소하는 사이사이 창문을 열면 방 안의 세균들이 질병이나 감염을 일으킬 확률이 더 줄어든다.

플로렌스 나이팅게일은 크림 전쟁 당시 간호사로서 훌륭한 업적을 남겨 유명해졌다. 그녀가 이룬 중요한 혁신 중 하나는 병동의 청결을 엄격하게 유지하도록 한 것이었는데 여기에는 신선한 공기를 계속해서 공급하는 것도 포함되었다. 그녀는 영국으로 돌아온 후에도 계속해서 선구적인 업적을 남겨 현대 간호학의 창시자로 칭송받게 되었다. 그녀의 원칙 중 상당수는 현재까지도 유효하지만 신선한 공기에 대한 신념은 인기를 잃었다. 아마도 이제는 그 신념을 다시 돌이켜볼 때인지도 모른다. 100년도 더 전인 1898년에 나이팅게일은 이렇게 말했다. "창문을 여는 것을 두려워하지 마라."

네 번째 문

인간이라는 독특한 존재의 과학

맛에 관한 근거 없는 믿음

우리는 모두 맛에 대해 두 가지 사실을 배웠다. 우리가 느낄 수 있는 맛의 종류는 네 가지이며, 혀의 서로 다른 부위가 각각의 맛을 감지한다는 것이다. 이 네 가지 맛은 쓴맛, 짠맛, 단맛, 신맛이며 혀의 맨 끝은 단맛, 양쪽 끝은 짠맛, 가운데는 신맛, 맨 안쪽은 쓴맛을 느낀다고 한다. 교과서와 웹사이트, 과학 서적 등에서 이러한 사실을 버젓이 서술하고 있는 것을 볼 수 있다. 하지만 이것은 완전히 잘못된 지식이다. 혀 위에 미각 지도 같은 것은 존재하지 않으며 기본적인 맛은 네 가지 이상 존재한다.

미각 지도에 관한 믿음은 빨리 버려야 한다. 실험 대상에게 안대를 씌우고 특정한 맛이 나는 액체를 혀 곳곳에 소량씩 찍어보면

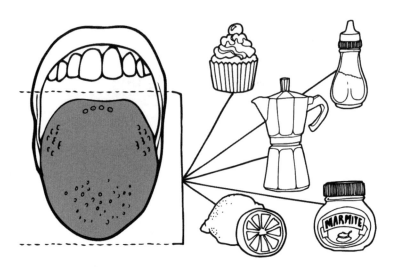

혀에 미각 지도는 존재하지 않으며, 기본 맛은 최소 다섯 가지 이상이다.

서로 다른 맛을 어디에서 감지하는지를 알아낼 수 있다. 신중하게 실험을 해보면 혀 표면 전체에서 각각의 맛을 모두 느낄 수 있다. 하지만 전 세계 수많은 학생들이 이 실험을 통해 미각 지도가 존재한다는 사실을 확인한 바 있다. 이것은 예상되는 결과에 대한 사전 지식이 실험 결과를 얼마나 편향시키는지를 보여주는 훌륭한 예다.

아마도 학생들은 미각 지도에 자신들이 느낀 결과를 대충 맞추었거나 올바르게 나온 결과를 잘못된 실험이라고 무시해버렸을 것이다. 논문 데이터베이스에서 미각 지도의 시초를 추적해보면 그 기원이 1901년 어느 미국 과학자가 잘못 번역한 독일의 한 변변찮은 논문에 있음을 알 수 있다. 미각 지도에 대한 믿음도 근거 없이 지속되어왔지만, 사람들의 머릿속에는 기본적인 맛이 네 가지뿐이라는 믿음이 더 뿌리 깊이 박혀 있다.

아마도 고대 그리스의 철학자 데모크리토스는 자신이 주장한 원자론의 일부로서 여러 가지의 맛을 분류한 최초의 사람일 것이다. 데모크리토스는 모든 것이 원자라고 불리는 더 이상 쪼갤 수 없는 작은 입자로 이루어지며, 원자의 맛은 그 형태에 의해 결정된다고 주장했다. 달콤한 것은 매끄럽고, 짠 것은 모서리가 날카롭고, 신 것은 크고 각이 져 있으며, 쓴 것은 삐죽삐죽한 고리가 달려 있다는 것이다. 데모크리토스가 맛에 관해 갖고 있던 다양한 생각들은 이 네 가지 맛으로 정리되었고, 우리는 그것을 수천 년 동안 믿어왔다. 그런데 20세기 초반에 무언가 다른 맛이 있다는 것을 눈치 채기 시작한 사람들이 있었다. 그중 한 명은 프랑스인들이 '요리사들의 왕이자 왕들의 요리사'라고 불렀던 오귀스트 에스코피에Auguste Escoffier였다. 파리의 식당과 요리에 커다란 변혁을 가져왔던 에스코피에는 단맛도 쓴맛도 신맛도 짠맛도 아닌 맛을 내는 새로운 요리들을 개발했다. 과학적 지식에 따르면 세상에는 네 가지 맛밖에 존재하지 않았기 때문에 에스코피에는 불가능하고 마술적인 무언가를 만들어내고 있었던 셈이다.

동시대에 일본에서는 이케다 기쿠나에라는 뛰어난 화학자가 오이 수프를 먹다가 새로운 사실을 발견했다. 1908년 어느 날, 그는 수프가 평소보다 맛있는 이유가 다시마를 넣었기 때문임을 깨달았다. 그 후 6개월 만에 이케다는 이러한 변화를 일으킨 다시마 내의 화학 성분을 찾아냈다. 그것은 글루타민산염glutamate이라는 아미노산이었다. 아미노산은 단백질의 구성 성분이며, 글루타민산염은 대부분의 단백질에 흔하게 포함된 성분으로 인체 단백질의 약 6퍼센트를 차지한다. 처음에 이 글루타민산염이 다른 네 가지 맛을 향상시켜주는 것이라고 생각한 이케다는 재빨리 글루타민산나트륨sodium glutamate을 이용한 조미료 제조 공정의 특허를 냈다. 이것이 바로 우리에게 친숙한 MSGmonosodium glutamate다. 그리고 이케다는 글루타민산염이 내는 맛을 '우마미'*로 명명했다. 일본어로 '좋은 맛'을 뜻하는 말이다. 약 100년 후인 2000년에 연구자들은 혀에 글루타민산염을 감지하는 수용기가 있음을 밝혀냈고, 우마미는 다섯 번째 기본 맛의 자리에 올랐다.

맛은 너무나 기본적인 경험이기 때문에 묘사하기가 매우 어렵다. 하지만 우마미는 대개 풍부하고 짭짤한 맛으로 묘사된다. 육수, 멸치, 표고버섯, 마마이트marmite** 그리고 파르메산 치즈와 같은 단단한 치즈에서 느낄 수 있는 맛이다. 돌이켜보면 요리사들은 오래전부터 음식에 맛을 더하기 위해 우마미가 풍부한 재료들을 사용해왔다. 이 새로운 맛에 대한 화학적 지식을 갖추게 된 우리는 이제 음식에서 전에는 몰랐던 우마미를 느낄 수 있게 되었다. '우마미 폭탄'을 만들 수도 있고 채식주의자와 비채식주의자를 위

* 우리말로는 '감칠맛'이라고 한다.
** 빵에 발라먹는 이스트 추출물.

한 우마미 페이스트를 구입할 수도 있다.

다시 말하면, 미각 지도란 존재하지 않고 기본적인 맛은 다섯 가지다. 최근 지방 분자를 감지할 수 있는 미각 수용기의 발견을 놓고 논란이 있기는 하다. 어쩌면 우리는 지방의 맛도 감지할 수 있는 것인지도 모른다. 그렇다면 데모크리토스는 진실에 가깝게 다가갔던 것일 수도 있다. 기원전 400년경에 쓴 문헌에서 그는 네 가지가 아닌 여섯 가지의 맛을 묘사하면서 전통적인 네 가지 맛 외에 톡 쏘는 맛과 기름진 맛을 언급했다. 우리는 어쩌면 이제야 기름진 맛을 인식하기 시작한 건지도 모른다. 톡 쏘는 맛은 우마미를 뜻하는 것이라고 상상하는 것도 불가능하지는 않다. 우리가 2,500년 전의 생각으로 다시 돌아갔다는 사실이 재미있게 느껴진다.

손가락 꺾기와 50년간의 실험

나는 손가락 관절뿐만 아니라 발가락 관절도 꺾을 수 있다. 사람들 앞에서 자랑하지는 않지만 아마도 하루에 몇 번씩은 손발 관절을 꺾고 있는 것 같다. 이 습관에 대해서는 언제나 걱정하는 마음이 있었다. 관절을 꺾는 습관이 장기적으로 관절에 좋지 않다고 믿는 사람은 많이 있다. 삼촌이나 이모, 부모님 같은 어른들은 계속 그러다 보면 관절염에 걸린다고 충고한다. 손가락이나 발가락 혹은 허리에서 커다랗게 나는 뚝뚝 소리는 확실히 불길하게 들린다. 인체의 정상적인 작용 같지는 않으니 몸에도 나쁜 것이 아닐까? 그리고 질병 여부와 상관없이 대체 관절에서 왜 이런 소리가 나는 것일까?

놀랍게도 우리 모두가 자연스럽게 경험하고 많은 사람들이 적극적으로 일으키는 현상인데도, 관절에서 소리가 나는 이유는 아직까지 완전히 밝혀지지 않았다. 이 문제에 관해 현재 가장 유력한 가설은 다음과 같다. 뼈와 뼈 사이에는 관절낭이라는 액체가 든 주머니가 있다. 이 주머니 안에 든 액체는 주로 물이지만 단백질, 나트륨, 백혈구도 일부 포함되어 있다. 관절낭은 관절을 이루는 뼈와 뼈의 끝에서 윤활제와 완충제 역할을 한다. 관절에서 소리를 내기 위해 빠르게 관절을 펴면 관절낭도 함께 늘어난다. 이것이 관절낭의 내부 압력을 떨어뜨려 공동현상cavitation을 일으키면서 액체 안에 작은 거품들이 형성된다. 이 원리를 이해하는 데 중요한 사실은 액체는 늘어나거나 줄어들지 못한다는 점이다. 액체로만 가득 찬 주머니가 있을 때 그 주머니의 크기를 갑자기 늘려도 액체는 커진 주머니를 채우기 위해 팽창하지 못한다. 그 대신 여분의 공간을 채우기 위해 거품이 형성된다. 이 거품 안은 대개 거품이 생성되기 전까지 액체 속에 용해되어 있던 기체로 채워진다.

관절낭 안에 든 액체에는 질소가 상당수 녹아 있으며, 관절을 꺾는다는 것은 사실 관절액 안에 질소 거품을 만든다는 뜻이다. 꺾을 때 나는 소리는 거품이 만들어질 때 나는 소리가 아니라 이 거품이 빠르게 터질 때 나는 것이다. 관절이 늘어나면서 만들어진 거품을 액체가 다시 밀려들어 터뜨리는 소리인 것이다. 이것은 여전히 가설에 불과하다. 아직까지 이것이 정말 관절 꺾는 소리의 원인인지를 증명하기 위해 연구해본 사람은 없다.

관절 꺾는 소리가 어떻게 나는지는 아직 증명하지 못했지만 이 것이 류머티즘을 유발할 가능성에 관한 자료는 많이 있다. 1998년 과학 학술지인 《관절염과 류마티스Arthritis & Rheumatism》에 짧은 논문이 한 편 실렸다. 저자는 로스앤젤레스 외곽 사우전드 오크스 에 사는 72세의 의사 도날드 웅거Donald Unger였다. 이 글에서 그는 어릴 때 집안 어른들에게 들었던 조언에 관해 썼다. 하지만 대부 분의 사람들과 달리 도날드 웅거는 그 조언을 정중하게 따르거나 혹은 따르는 척하려고 애쓰지 않았다. 대신 그는 실험을 시작했 다. 비록 표본의 크기는 아주 작았지만 말이다. 웅거는 하루에 두 번씩 왼손 관절을 꺾기 시작했다. 하지만 오른손으로는 하지 않았 다. 그리고 이것을 놀라울 정도의 끈기를 가지고 50년간 계속했 다. 시간이 흐른 후 그는 자신이 가진 데이터를 분석해보았다. 어 느 쪽 손에도 관절염 증상은 나타나지 않았다.

이 현상에 관심을 가진 사람이 웅거 박사만은 아니었다. 관절 꺾기와 관절염의 관계를 연구한 사람이 두 명 더 있었다. 이들은 모두 관절 꺾는 습관을 가진 노인들을 조사하고, 그중 어떤 사람 에게 관절염이 생겼는지에 주목했다. 두 연구 모두에서 관절염과 관절 꺾기의 연관성은 드러나지 않았다. 이 연구들의 표본 크기는 훨씬 더 컸기 때문에 과학적으로 설득력이 더 높을 수도 있지만, 관절 꺾기 실험을 체계적으로 진행하지는 않았다. 하지만 인간을 대상으로 관절을 꺾어 관절염을 유발시키는 실험을 하는 것은 오 늘날 어떤 의료윤리 위원회에서도 용납하지 않을 것이다.

나는 걱정 많은 친척들이 어린 과학자에게 했던 관절을 꺾지 말라는 조언이 웅거 박사의 실험뿐만 아니라 또 다른 연구의 동력이 되었다는 사실을 발견했다. 이번에는 어떤 의사의 열두 살짜리 아들에게 할머니가 해준 조언이 연구 동기였다. 그렇다면 우리는 이런 생각을 하지 않을 수 없다. 우리는 부모의 조언에 조금 더 자주 의문을 품어야 하는 것이 아닐까? 웅거 박사의 말대로 시금치와 브로콜리를 먹으라는 어머니의 잔소리도 어쩐지 의심스러워지지 않는가?

오감을 넘어선 지각

아이들에게 복잡한 과학을 간단하게 풀어서 가르치는 것은 매우 일반적인 관행이다. 하지만 초등학교 과학 수업을 넘어 우리 문화 속까지 스며들어 있는 잘못된 상식이 하나 있다. 게다가 이것은 사실 자세히 생각해보면 말이 되지 않는 개념이다. 바로 인간의 몸이 다섯 가지의 감각으로 세상을 지각한다는 생각이다. 우리 모두 이 오감이란 청각, 시각, 후각, 미각, 촉각이라고 배웠고, 이 생각은 아주 뿌리 깊이 박혀 있다. 하지만 조금만 더 깊이 생각해보면 우리가 세상을 지각하는 더 많은 방식이 있다는 것이 분명해진다.

오감 이론에 대해 내가 개인적으로 가장 좋아하는 반례는 다음의 간단한 방법으로 보여줄 수 있다. 우선 걸리적거리는 것 없이 팔을 자유롭게 움직일 수 있는 곳으로 간다. 그다음 눈을 감고 팔을 옆으로 넓게 펼친다. 이제 눈을 감은 채로 자신의 코를 만져보라. 성공했는가? 사람들에게는 대부분 이것이 어떤 문제도 되지 않지만 자신의 신체 부위를 느끼는 감각인 고유 수용성 감각 proprioception에 이상이 있는 사람에게는 이렇게 코를 만지는 일이 조금 어렵다. 어떤 사람들은 몸의 기하학적 구조에 따라 팔을 굽히면 손가락이 코에 닿는다는 사실을 아는 것뿐이라고 주장할지도 모른다. 그렇다면 한 단계 더 나아간 고유 수용성 실험을 해보자. 이번에는 코를 건드리지 말자. 대신 눈을 감은 채로 손가락을 코에서 2센티미터 정도 떨어진 거리에서 멈추어보자. 자신의 눈이나 코를 찌르는 우스꽝스러운 광경을 연출하지 않고도 이것을 해낼 수 있다는 사실은 분명히 놀라운 일이다.

우리 몸의 모든 골격근에는 각각의 근육이 얼마나 수축되거나 이완되었는지를 뇌에 전달하는 신장 수용기가 붙어 있다. 아기일 때 우리는 무의식적으로 머릿속에서 우리 몸의 형태, 그리고 서로 다른 신장 수용기들이 팔다리의 위치와 어떤 관계를 맺고 있는지를 익힌다. 그렇기 때문에 굳이 거울을 보지 않아도 내가 무슨 표정을 짓고 있는지 알 수 있는 것이다. 예를 들어 술을 마셔서 고유 수용성 감각에 이상이 생기면 동작이 서툴러지고, 물건을 쓰러뜨리며, 자기 발에 걸려 넘어지게 된다. 말 그대로 내 팔다리가 어디 있는지 분간을 못하게 되는 것이다.

고유 수용성 감각과 더불어 오감에 포함되어 있지 않은 또 다른 감각은 평형감각이다. 이 감각은 귀 안쪽에 있는 액체가 든 관들이 속도의 변화를 감지함으로써 생긴다. 여러분이 움직이는 속도나 방향이 바뀔 때 여러분의 귀가 그것을 감지한다는 뜻이다. 가장 쉬운 예로 우리 몸이 기울어져서 넘어지려 할 때를 감지하는 능력에 이 감각이 사용된다. 이것은 또한 방해하거나 혼란시키기 쉬운 감각이기도 한다. 우리가 잘 알고 있는 어지러움의 감각은 대개 몸이 회전을 하다가 멈추어도 귓속의 액체는 계속 움직이고 있기 때문에 발생한다.

그 외에 다른 감각들도 있다. 이러한 감각들은 모두 다른 감각과의 구분이 애매하다. 우리 몸 전체에는 이산화탄소, 나트륨, 산소, 호르몬 등 서로 다른 화학물질을 감지할 수 있는 수용기들이 분포되어 있다. 순수하게 기능적 관점에서 보면 이 감각들은 냄새를 맡는 능력과 사실상 동일한데 단지 위치만 다른 것뿐이다. 즉, 뇌가 이산화탄소의 냄새를 맡는 것이라고 말할 수도 있다. 다만 코로 맡는 것이 아닐 뿐이다. 또한 우리는 뇌가 이산화탄소를 감지하는 결과를 의식하지 못한다. 뇌는 우리가 의식적인 결정을 내리지 않아도 자동적으로 호흡의 속도를 조절한다.

이와 비슷하게 우리가 가진 또 다른 능력 중에 열을 감지하는 능력과 고통을 감지하는 능력이 있다. 두 가지 모두 비슷한 방식으로 우리의 촉각에 작용하지만 감각신경 말단에는 이들을 각각 구별해서 인식하는 미세한 기관들이 존재한다. 촉각을 발생시키는 다양한 감각기관에는 각각 19세기에 그것들을 발견한 해부학자들의 이름이 붙어 있다. 가벼운 압력에 반응하는 마이스너 소체Meis-sner's corpuscles,* 강한 압력과 진동을 감지하는 파치니 소체Pacinian corpuscles,** 지속적인 압력을 감지하는 메르켈 원판Merkel discs, 피부의 변형을 인식하는 루피니 말단Ruffini endings 등이 그것이다. 그렇다면 이 모든 것은 서로 다른 감각일까?

우리가 세계를 인지하는 방식을 관찰하기 시작하면 모든 것이 너무 복잡해져버린다. 우리의 감각은 다섯 개의 항목으로 깔끔하게 정리되지 않는다. 심지어 시각처럼 아주 단순해 보이는 감각도 사실 알고 보면 그렇지 않다. 우리는 두 가지 방식으로 사물을 본다. 먼저 간상세포를 통해 흑백으로, 세밀하게, 그리고 빛이 약한 곳에서도 볼 수 있다. 또 다른 방법은 색을 감지하는 세 종류의 원추圓錐세포에 의존하는 것이다. 하지만 세밀히 보지는 못하며, 더 밝은 빛이 필요하다. 이러한 시각계의 민감성은 우리가 어떤 환경에 있느냐에 따라 오르락내리락한다. 밝은 곳에서는 원추세포가 대부분의 일을 담당하지만 어두운 방으로 들어가면 간상세포가 그 역할을 이어받는다. 그리고 약 30분 이상에 걸쳐 야간 시력이 천천히 작동하기 시작한다. 이렇게 보면 우리가 빛을 두 가지 방식으로 지각하므로 시각도 두 종류라고 보아야 할 것 같다.

우리의 감각이 다섯 가지 이상인 것은 분명하다. 우리 주변의 세상과 몸 안을 인지하는 방법의 수는 훨씬 더 많다. 이 감각들 중

---

* 촉각소체觸覺小體.
** 층판소체層板小體.

일부는 자세히 들여다보면 서로 겹치거나 경계가 모호하다. 우리의 감각을 다섯 가지로 정리하는 것은 초등학생들에게 기초적인 생물학을 가르칠 때는 확실히 유용한 방식이다. 하지만 우리가 이것이 단순화라는 사실을 인식하지 못할 때는 위험과 혼란이 발생한다. 우리는 생물학의 조금 더 무질서하고 혼란스러운 진실을 받아들일 필요가 있다.

머리카락 위의 화학적 저글링

1987년, 프록터 앤드 갬블은 새로운 종류의 헤어 케어 제품인 '퍼트 플러스Pert Plus'를 출시했다. 회사 측에 따르면 이 제품은 샴푸와 린스를 동시에 할 수 있는 투인원two in one 제품이었다. '혁명적인' 혹은 '삶을 완전히 변화시키는' 제품으로 홍보되어왔던 수많은 투인원 샴푸들의 시초였다.

샤워할 때 두 가지 제품 대신 한 가지 제품을 사용함으로써 누군가의 삶이 변화되었을 거라고는 믿지 않지만, 어찌 되었든 흥미로운 제품이 아닐 수 없다. 당시 투인원 샴푸라는 개념은 화학자들의 비웃음을 샀다. 샴푸와 린스는 본질적으로 반대되는 작용을 하는 제품이기 때문이다.

머리카락이 더러워지는 데는 몇 가지 요인이 있다. 첫 번째, 수많은 가닥을 가진 머리는 먼지, 각질, 그리고 다양한 환경오염 물질이 달라붙기에 딱 좋은 환경이다. 둘째, 머리카락에는 피지선이라는 것이 존재한다. 여기에서 분비되는 기름진 액체는 머리카락을 감싸서 부드럽게 해주기도 하지만 먼지가 더 많이 쌓이게 만드는 원인이기도 하다. 샴푸를 한다는 것은 계면활성제를 머리에 발라 이 먼지들을 모두 제거하는 것이다. 계면활성제는 비누와 세제에도 들어가는 물질인데, 물을 좋아하는 성질(친수성)과 물을 싫어하는 성질(소수성)을 동시에 보이는 독특한 특성을 지니고 있다. 가장 간단한 계면활성제 분자는 탄소 원자로 이루어진 긴 사슬의 한쪽 끝에 두 개의 산소 원자가 붙어 있는 형태다. 여기서 탄소 사슬은 물을 밀어내고 끝부분의 산소는 물을 끌어당긴다. 계면활성제가 기름과 만나면 소수성인 부분이 모두 안쪽의 기름을 향하는 형태의 작고 둥근 입자가 형성된다. 기름은 친수성 부분이 모두 바깥쪽을 향하고 있는 계면활성제에 둘러싸이게 된다. 이렇게 되면 불가능한 일이 일어난다. 이제 기름에 물을 섞으면 물이 계면활성제와 함께 기름을 씻어낸다. 물과 샴푸를 섞어 머리를 감으면 피지선에서 분비된 피지와 먼지가 다 씻겨나가 머리카락이 깨끗해진다는 뜻이다. 하지만 안타깝게도 유분이 사라진 머리카락은 건조하고 엉키기 쉬워진다. 이 문제를 해결하기 위해 머리를 깨끗이 감은 후 조금 더 가볍고 향이 나는 오일을 머리에 다시 발라주는 것이다. 이것이 바로 린스의 역할이다. 따라서 샴푸는 유분을 제거하는 것이고 린스는 유분을 다시 보충하는 것이다. 투인원 샴푸에 대한 회의적인 시선을 이제 쉽게 이해할 수 있을 것이다. 하지만 이 제품은 정말로 효과가 있었다. 그리고 그 성공의 비결은 세 가지의 화학물질이 서로 협력한 덕분이었다.

투인원 샴푸에 들어가는 첫 번째 화학물질은 머리카락의 유분을 제거해주는 계면활성제다. 이것은 대개 라우레스 설페이트laureth sulphate 또는 라우릴 설페이트lauryl sulfate다. 두 번째로 머리에 다시 유분을 보충하는 역할은 대개 디메티콘dimethicone이 맡는다. 디메티콘은 긴 실리콘 사슬과 산소 분자로 구성되고 바깥쪽에 탄소가 붙어 있는 구조의 독특한 화학물질로, 특히 머리카락 위를 부드럽고 윤이 나게 코팅해주는 효과가 뛰어나다. 마지막으로 들어가는 마법의 재료는 4차화된 하이드록시에틸 셀룰로오스hydroxyethyl cellulose 또는 폴리쿼터늄-10polyquaternium-10이다. 이 물질은 머리에 정전기를 덜 발생시켜 차분하게 가라앉혀주고, 디메티콘이 쌓이는 것을 막아주는 두 가지 역할을 한다. 그 원리는 정확히 알려지지 않았다. 혁신적인 제품을 만들기 위한 화장품 업계의 끊임없는 노력은 종종 과학적 원리를 정확히 규명하는 것보다 앞서 나가는 경우가 많다.

어떻게 기름진 머리 위에 계면활성제와 유분이 있는 물질을 동시에 발라 몸에서 나온 기름은 제거하면서 새로 바른 기름은 남길 수 있는가에 대한 해답은 아직 얻지 못했다. 우선 우리가 쓰는 계면활성제는 피지를 없애는 데는 효과적이지만 디메티콘은 잘 제거하지 못한다. 또한 이 모든 물질들의 기능이 완벽하지 못한 것도 한 가지 이유가 된다. 계면활성제가 유분을 제거한다는 것은 사실 '대부분' 제거한다는 뜻이다. 투인원 샴푸의 계면활성제는 머리카락에 낀 대부분의 유분과 함께 여러분이 보충하려고 하는 새로운 유분의 일부도 제거하지만 머리카락이 부드러워질 만큼의 유분은 남겨놓는다.

우리는 25년 넘게 투인원 샴푸를 즐겨 사용해왔고 그 인기는 지금도 여전하다. 하지만 일반적인 샴푸 병의 성분 목록을 들여다보아도 투인원 샴푸의 성분들이 그대로 들어 있음을 알 수 있을 것이다. 요즘 대부분의 샴푸에는 머리를 감은 후에도 여전히 부드럽고 광택이 나도록 디메티콘과 폴리쿼터늄-10이 함유되어 있다.

불소로 치아를 단단하게

슈퍼마켓에 파는 모든 치약의 겉면에는 튼튼한 치아와 충치 방지를 위한 불소가 함유되어 있다는 사실이 자랑스럽게 적혀 있다. 세계의 많은 지역에서 치아 건강을 위해 식수에 정기적으로 불소를 첨가하며, 치과의사들은 아이들이 병원에 올 때마다 치아에 불소를 도포해준다. 그 이유는 무엇일까?

일단 기본적인 생물학 지식이 필요하다. 치아는 주로 상아질이라는 단단하고 미네랄이 함유된 물질로 구성된다. 이 안에는 모든 신경과 혈관과 결합 조직이 들어 있는 치수齒髓가 있다. 그냥 입안을 들여다보면 이런 것은 전혀 보이지 않는다. 대신 상아질을 감싸고 있으며, 치아의 나머지 부분을 차지하는 에나멜질이 보일 뿐이다. 에나멜은 놀라운 물질이다. 인체에서 가장 단단한 이 물질 덕분에 우리는 얼음을 씹고 금으로 된 주화를 깨물어볼 수 있다. 에나멜은 강철보다 단단하다. 모스 경도Mohs scale*로 에나멜은 5이지만 강철은 4.5밖에 되지 않는다. 그렇다고 해도 강철 대들보를 이로 씹어서 자국을 내보려는 시도는 하지 않기 바란다. 치아 표면을 덮은 에나멜질 아래의 상아질이 부서지기기 때문이다. 에나멜질이 그토록 단단해야 하는 이유는 말 그대로 평생 사용해야 하기 때문이다.

에나멜은 수산화인회석hydroxyapatite이라는 화학물질로 이루어져 있다. 이것은 우유나 치즈 등의 유제품에 들어 있는 인산칼슘 calcium phosphate이 결정화된 형태다. 치아 에나멜질의 약 96퍼센트가 수산화인회석이고 나머지는 물과 소량의 유기 물질로 되어 있다. 대개 2밀리미터 정도 두께밖에 안 되고 혈액이 공급되지 않는 고체 인산칼슘에 불과하기 때문에 소실되어도 다시 자라나지 않는다. 이 놀라운 물질에는 아킬레스건이 하나 있다. 바로 산에 약하다는 점이다.

입안은 구강 세균의 터전이다. 입안에 살고 있는 수많은 세균은 우리가 먹는 것들, 그중에서도 특히 당분을 먹고 산다. 이 세균들(대표적으로 젖산균이 있다)이 당분을 섭취하면 급속도로 증식하고 분열하면서 소화 과정에서 젖산을 생성한다. 산을 생성하는 세균

* 프리드리히 모스Friedrich Mohs가 고안한 경도의 표준.

이 치아의 표면이나 치아에 난 틈 안에 자리 잡으면 수산화인회석의 칼슘 일부가 산에 녹아 치아의 탈회demineralization가 일어난다. 이것이 계속되면 세균과 산 때문에 에나멜질에 구멍이 나고, 그 아래의 더 부드러운 상아질에도 구멍이 생기기 시작한다.

만약 이런 작용밖에 일어나지 않는다면 우리의 치아는 십 대를 다 보내기도 전에 전부 녹아버릴 것이다. 하지만 다행히도 이것이 전부는 아니다. 여러분이 식사를 마치면 입안의 타액이 대부분의 당분을 씻어내어 입안의 산도를 정상화, 정확히 말하면 중성화시킨다. 그리고 재석회화remineralization가 일어나기 시작한다. 산에 의해 유실된 칼슘이 다시 에나멜에 공급되어 손상된 부분을 보수한다. 하지만 끊임없이 당분이 든 음료를 마신다거나 해서 재석회화가 일어나지 못하게 하면 충치가 생길 것이다.

이제 불소에 관해 이야기해야 할 때다. 불소는 플루오린fluorine이라는 원소가 전하를 띤 형태를 가리키는 말이다. 건포도, 당근, 와인, 고기 등 우리가 늘 먹고 마시는 온갖 음식에 들어 있다. 그 중에서도 차는 특히 좋은 공급원이다. 식수 자체에 불소가 자연적으로 들어 있는 지역도 많다. 산도가 낮고 재석회화가 일어나는 입안에 불소가 존재하면 이 불소가 치아의 에나멜 성분과 결합한다. 불소가 인산칼슘과 만나면 수산화불화인회석이나 불화인회석이 된다. 이렇게 되면 치아에 좋은 점이 많이 있다. 먼저 불화인회석은 수산화인회석보다 산에 강하기 때문에 치아가 탈회될 확률이 크게 줄어들어 충치에 걸릴 위험도 적어진다. 둘째, 에나멜 안의 불소는 치아의 칼슘 복원을 도와 재석회화를 촉진한다. 마지막으로 불소는 세균의 당분 소화와 산의 생성 자체를 방해하는 작용을 하는 것으로 보인다. 재석회화는 더 많이 일어나고 탈회는 덜 일어나는, 삼중으로 튼튼해진 치아가 되는 것이다. 그렇다면 불소가 입속에 오래 머무르는 것이 이상적일 것이다. 그래서 치과 의사들과 치약 설명서는 양치질을 한 후 입을 헹구지 말라고 추천한다. 식수에 불소를 넣는 이유도 여기에 있다. 하루 두 번에 그치지 않고 더 자주 입안에 불소가 있도록 하기 위해서다.

불소가 치아에 미치는 영향에 관한 과학적인 사실들은 불소가 유익한 물질임을 알려주지만 식수에 불소를 넣는 문제에 대해서는 논란이 많다. 인터넷에서 이 주제로 검색을 해보면 굉장히 뜨거운 논쟁거리임을 알 수 있을 것이다. 이것은 또한 과학에 대한 끔찍한 오해를 보여주는 주제이기도 하다. 불소가 들어 있는 다른 화학물질을 근거로 불소의 위험성을 우려하는 것이다. 예를 들어 불화수소산은 유리까지 녹일 정도로 위험한 유독성 물질로 유명하다. 하지만 치약 안에 든 불소는 불화수소산의 성질을 전혀 가지고 있지 않다.

물론 불소도 우리가 일상적으로 접하는 여러 물질과 마찬가지로 농도가 높아지면 독성을 띨 수 있다. 하지만 위험할 정도의 양을 섭취하려면 앉은 자리에서 약 50통의 치약을 써야 할 것이다. 식수의 불소 농도가 자연적으로 매우 높은 지역에서 발생하는 문제도 있다. 불소증fluorosis이라는 병을 유발할 수 있다는 것인데,

이 병에 걸리면 치아가 변색되고 심한 경우에는 뼈와 관절이 손상된다. 이런 위험이 있는 지역에서는 주기적으로 식수에서 불소를 제거하여 안전한 농도로 낮춘다. 우리가 식수와 치약을 통해 접하는 불소의 농도는 너무 낮아서 불소증에 걸릴 위험은 없다.

치의학 연구와 인구 조사 결과에 따르면 불소는 충치를 효과적으로 줄여주고, 특히 양질의 치과 치료를 받을 형편이 안 되는 성인들과 어린이들 모두에게 큰 도움이 된다. 다만 마지막으로 고려해야 할 점이 한 가지 있다. 이것은 식수에 불소를 넣는 일을 그토록 반대하는 이유의 핵심이기도 하다. 식수에 불소를 넣는 것이 개인의 동의를 받지 않은 집단 투약에 해당하는가? 이것은 정치와 윤리, 궁극적으로는 철학의 문제다.

목욕할 때 손이
쭈글쭈글해지는 이유

목욕에는 몸을 깨끗이 하고 좋은 책을 읽으며 쉴 수 있는 것 외에도 또 다른 용도가 있다. 호모 사피엔스가 나무에서 내려온 이후로 인류가 지니고 있었던 것으로 보이는 독특한 신체적 특성을 관찰할 수 있는 기회이기도 하다. 물에 몸을 담그고 5분 정도만 지나면 손가락과 발가락이 쭈글쭈글해지기 시작한다. 하지만 과학적으로 확실히 주름이라고 부를 수 있는 최대한의 결과를 원한다면 40도의 소금물에 30분간 담그면 된다. 이 현상이 일어나는 원인을 검색해보면 다음과 같은 과학적 설명들이 압도적으로 많이 나올 것이다. 미리 말해두지만 이것은 말도 안 되는 소리다.

피부의 가장 바깥층을 각질층이라고 부른다. 각질층은 우리를 자상, 찰과상을 비롯한 일반적인 손상으로부터 보호해준다. 손가락이 쭈글쭈글해지는 이유에 관한 일반적인 가설은 물이 각질층에 스며들어 세포가 부풀어 오르면서 피부의 가장 바깥에 위치한 이 층이 팽창하기 때문이라는 것이다. 각질층 바로 아래에는 물에 강한 지방으로 가득한 과립층이 있다. 따라서 물은 더 이상 스며들지 못한다. 즉, 바깥층은 팽창하지만 그 안쪽 층은 그대로이므로 피부 표면이 쪼그라드는 것이다. 손끝과 발끝만 쪼그라드는 이유는 방수 물질을 분비하는 땀샘이 없기 때문이다. 손가락이 쭈글쭈글해지는 것은 다름 아닌 우리의 생명 활동의 부산물이다.

이 단순하고도 명쾌한 이론은 안타깝게도 거의 모든 면에서 완벽하게 잘못되었다. 단순 명쾌함은 권장해야 할 덕목이니 애석한 일이다. 하지만 손가락이 쭈글쭈글해지는 이유에 대한 올바른 설명은 훨씬 더 놀랍고 유용할 뿐만 아니라 인류 이전의 조상들에 대한 단서를 제공해준다.

1936년, 런던 세인트 메리 병원에서 두 명의 연구자가 팔이 마비된 환자들을 연구하고 있었다. 토마스 루이스Thomas Lewis와 조지 피커링George Pickering은 마비가 일어난 이유가 팔부터 손끝까지 이어지는 주 신경의 손상에 있다는 것을 알고 있었다. 놀라운 사실은 이 환자들의 손가락은 물에 담가도 쭈글쭈글해지지 않는다는 것이었다. 마비가 오지 않은 손과 발에는 정상적으로 주름이 생겼지만 마비된 손에는 생기지 않았다. 그 당시에는 아무도 그 사실에 크게 주목하지 않았다. 그러다 1973년, 아일랜드의 성형외과 의사 시무스 오 리엥Seamus O'Riain이 같은 사실을 발견했다. 그가 담당하던 어린 환자의 어머니는 예전에는 쭈글쭈글해지던 아이의 손가락이 매끈하다는 사실을 알아차렸다.

손가락이 쭈글쭈글해지는 것은 몸이 그렇게 시키기 때문이다. 이것은 수동적인 효과가 아니라 몸이 내리는 능동적인 결정이다. 우리는 이 결정을 의식하지 못한다. 왜냐하면 이 현상을 호흡, 심박 수, 땀의 배출 등을 조절하는 자율신경계가 제어하기 때문이다. 이 때문에 매우 신기한 일이 일어나기도 한다. 예를 들어 절단된 손가락을 다시 봉합했을 경우 되찾은 손가락에 신경이 다시 자라 감각이 돌아올 때까지는 주름이 생기지 않는다. 신경계의 일부를 차단하는 약물을 사용해도 손가락이 쭈글쭈글해지는 현상이 없어지는 것을 볼 수 있다. 이러한 증거들이 명확히 입증해주는 것은 손가락에 생기는 주름은 피부에 물이 스며드는 것과는 상관없으며, 비록 우리가 의식하지는 못하지만 우리 몸이 능동적으로 제어하는 현상이라는 것이다.

그렇다면 우리 몸은 어떻게 손가락 주름을 제어하는 것일까? 이에 관한 과학적 설명은 조금 더 불확실하다. 흔히 믿고 있는 이론과는 달리 손가락 끝에는 땀샘이 있다. 욕조 안에 앉아 있으면 물이 이 땀샘에 작용해 우리가 물에 젖어 있다는 신호를 몸에 보낸다. 그래서 손이 쭈글쭈글해지는 데는 약간의 시간이 걸리는 것이다. 이 신호를 어떻게 보내는지는 아직 알려지지 않았다. 한 가지 가설은 물이 땀샘 속의 땀을 희석시켜서 주변 신경을 작동시킨다는 것이다. 그다음에 일어나는 일에 대해서는 자세히 연구되어 있다. 자율신경계는 몸의 다양한 부위로 향하는 혈류량을 매우 능숙하게 조절한다. 손가락을 쭈글쭈글하게 해야 할 경우 신경은 혈관을 수축시켜 특히 사구체라고 불리는 손끝과 발끝 안의 작은 혈관 덩어리로 향하는 혈류를 줄인다. 이것은 보통 열의 손실을 줄여서 손발을 따뜻하게 유지하는 데 이용된다. 사구체의 혈관이 수축되면 사구체 자체가 작아져서 피부 아래 살의 부피가 살짝 줄어든다. 맨 위의 각질층은 그대로이지만 아래쪽의 살만 줄어들기 때문에 그 변화로 인해 피부가 쭈글쭈글해지는 것이다. 따라서 이 현상은 피부에 물이 스며드는 것과는 아무 관계가 없다. 그저 피부 아래 살은 줄어드는데 피부는 그대로이기 때문에 일어난다.

이 관찰 결과는 유용하게 쓰이게 되었다. 시므스 오 리앵은 손가락의 주름을 이용해 신경계의 건강을 검사하는 방법을 최초로 제안했다. 지금은 환자의 손을 물에 담가 시간이 지나면 쭈글쭈글해지는지를 확인하는 것이 일반적인 방식이 되었다. 다만 문제점이 몇 가지 있어서 보편적으로 사용되지는 않는다. 일단 언제부터 쭈글쭈글해졌다고 볼 수 있는가? 손가락의 주름 정도를 객관적으로 측정할 수 있는가? 흡연이나 몇 가지 흔한 약물이 손가락을 주름지게 만드는 능력을 억제할 수도 있다. 하지만 이런 문제점들과는 별개로 환자의 신경계 상태를 단지 물이 담긴 그릇에 넣어보는

사구체의 혈관이 수축하면 손가락이 쭈글쭈글해진다.

것만으로 확인할 수 있다는 것은 확실히 편리한 방법이다.

이제 손가락이 쭈글쭈글해지는 원인은 알았다. 하지만 한 가지 더욱 흥미로운 의문이 남아 있다. 우리 몸은 왜 우리를 대신해 이런 현상을 일으키는 것일까? 왜 손끝을 주름지게 만드는 이상한 능력을 개발하게 된 것일까? 아직 이 물음에 대한 정확한 답은 알아내지 못했다. 현재 유일한 가설은 이 현상이 우리 손의 쥐는 힘을 높여준다는 것이다.

이 주장을 제기한 사람은 아이다호주 보이시의 진화생물학자 마크 챈기지Mark Changizi로, 그는 쭈글쭈글해진 손가락의 주름이 강의 삼각주에서 물이 흐르는 패턴이나 자동차 타이어의 무늬와 비슷하게 보인다는 점에 주목했다. 자연적인 것이든 인공적인 것이든 이러한 무늬는 모두 물을 가장 효과적으로 가장자리까지 밀어내는 것에 그 목적이 있다. 이 가설을 확인하기 위해 영국 북부 뉴캐슬대학교의 톰 스멀더스Tom Smulders가 이끄는 또 다른 연구진이 다음과 같은 실험을 실시했다. 이들은 실험 자원자들에게 물이 가득 찬 그릇에 담긴 구슬 여러 개와 낚시용 추를 다른 상자로 옮겨달라고 요청했다. 자원자들은 오른손 엄지와 검지로 물체를 집어 들어 작은 구멍으로 통과시킨 후 왼쪽 엄지와 검지로 받아 상자 안에 담았다. 그리고 이것을 손가락에 주름이 있을 때와 없을 때로 나누어 똑같이 실시했다. 상당히 번거로운 일이었기 때문에 아마 자원자들은 돈을 받고 하기는 하지만 참 쓸데없는 짓이라고 생각했을 것 같다. 실험 결과 확실히 손가락이 매끄러울 때보다 주름이 있을 때 물건을 더 빨리 옮길 수 있었다. 물속에서는 주름진 손가락의 쥐는 힘이 더 강해지는 것으로 보였다.

하지만 이 실험 결과가 왜 우리 몸이 이런 노력을 해야 하는지에 대해서 답을 주지는 못한다. 여기서부터는 추측의 심연 속으로 뛰어들어야 한다. 어쩌면 인류 이전의 영장류 조상들은 습한 환경에 더 잘 대처하기 위해 이러한 특성을 진화시켰을지도 모른다. 매일 우림에 쏟아지는 폭우를 상상해보라. 나뭇가지 위에 덮인 이끼가 젖어 갑자기 미끄러워졌을 때 우리 조상들은 비가 올 때만 볼 수 있는 특별한 손가락을 이용해 조금 더 효과적으로 나무에 매달릴 수 있었을 것이다. 손가락의 주름은 우리가 목욕을 할 때면 나타나는 기나긴 진화의 흔적으로 보인다. 왜, 어떻게 이런 일이 일어나는지에 대한 설명은 여러분이 자주 접하는 이론처럼 간단하고 명쾌하지는 않지만 대신 훨씬 더 흥미진진하다. 하지만 2013년에 이루어진 실험에서는 물속에서 손가락의 쥐는 힘이 증가하는 현상을 발견하는 데 실패했다. 그러니 수수께끼가 풀리려면 아직 멀었다.

당신의 발가락은
얼마나 차가운가요

한 가지 난제가 있다. 인체의 정상 심부 체온은 평균 37도다. 하지만 세상에는 얼음장처럼 차가운 손발을 가진 사람들이 많다. 사람들 사이의 체온 차이는 거의 없는데 어떻게 이런 일이 가능한 것일까?

하루 동안 혹은 며칠에 걸쳐 재보아도 여러분의 심부 체온은 약 0.5도 정도밖에 오르내리지 않는다. 사람들 사이의 체온 차이 범위도 약 0.7도 정도다. 하지만 이것은 심부 체온에만 해당되는 이야기일 뿐 손발의 온도는 서로 크게 다를 수 있다. 예를 들어 나의 심부 체온을 재보았더니 36.6도로 조금 낮았다. 아침에 일어나자마자 쟀기 때문일 수도 있고 체온이 낮게 나오는 경우가 많은 혀 아래에 체온계를 댔기 때문일 수도 있다. 흥미로운 사실은 손끝의 온도는 겨우 30도이고 발가락의 온도는 24도밖에 안 된다는 것이다. 손에는 아무 불편함이 없지만 사실 발가락은 조금 시린 상태다. 아마도 가서 양모 양말을 신어야 할지도 모르겠다. 하지만 나는 수족냉증을 겪고 있지는 않다. 수족냉증 환자들의 피부 온도는 20도 아래까지 떨어지기도 한다. 만약 여러분이 따뜻한 발가락을 가진 사람이라면 다른 사람의 이런 증상을 바로 눈치 챌 수 있을 것이다.

체내에 열이 발생하는 이유는 화학반응이 다양하게 일어날 때 그 부산물로 열이 방출되기 때문이다. 혈액이 순환하면서 이 열을 몸 전체로 전달하여 각 부위에 필요한 온도를 유지하도록 해준다. 가장 중요한 문제는 바로 이것이다. 손과 발의 온도는 몇 도여야 할까? 손발에는 민감한 기관이 전혀 없고 단지 근육과 뼈로만 이루어져 있다. 따라서 내부 온도가 15도 정도로 낮아도 장기적인 손상 없이 완벽하게 기능한다. 또한 말단 부위이기 때문에 몸통 같은 부위보다 공기 중에 열을 빼앗기기도 더 쉽다.

인체는 두 가지 방법으로 심부 체온을 유지한다. 심부 체온 자체도 자동적으로 감시하지만 동시에 피부의 온도도 재고 있다. 만약 피부의 온도가 떨어지면 우리 몸은 우리가 추운 곳에 있는 것으로 가정하고 심부 체온을 보호하기 위해 말단으로 가는 혈류를 차단시킨다. 그래서 심부 체온은 떨어지지 않지만 대신 말단 부위가 차가워지는 것이다.

이 현상이 더욱 극단적으로 두드러지게 만드는 요소들이 있다.

첫 번째는 체지방의 양이다. 체지방이 많으면 몸의 열이 보호되어 심부 체온이 떨어지는 것을 막아준다. 그런데 추운 환경에서도 심부 체온은 계속 높게 유지되기 때문에 몸은 말단 부위로 더 이상 혈액을 밀어 보내지 않고 그 결과 손발이 더 차가워진다. 여성은 남성보다 체지방이 평균 7퍼센트 정도 더 많다. 일반적으로 여성이 남성보다 심부 체온은 조금 더 높지만 손발은 더 차가운 이유 가운데 하나다.

여성에게만 영향을 미치는 또 다른 요소로는 에스트로겐이라는 호르몬이 있다. 이 호르몬은 체내 혈류의 패턴을 변화시키고 특히 주변의 온도 변화에 더 잘 반응하게 만든다. 여성이 생리 중일 때는 체온은 평소보다 조금 높지만 손발은 평소보다 차갑다고 느낄 때가 많다.

가끔씩 손발의 체온 조절에 문제가 생기는 것은 꽤 흔한 증상이다. 영국 인구의 최대 10퍼센트가 이런 증상을 겪는 것으로 추정된다. 특히 여성이 많은데 아마도 에스트로겐이 원인일 것이다. 가장 흔한 원인은 레이노 현상Raynaud's phenomenon으로, 19세기 중반에 이 현상을 발견한 프랑스 과학자의 이름을 딴 것이다. 원인은 아직 알아내지 못했지만 이 현상을 겪는 사람들은 온도가 갑자기 떨어질 때 손발 혈관이 발작적으로 수축한다. 이렇게 되면 혈류가 차단되면서 말단 부위가 창백해지고 곧 푸르스름하게 변한다. 냉장고에서 무언가를 꺼낸다든가 하는 단순한 행동만으로도 이런 증상이 나타날 수 있다. 굉장히 고통스러울 수도 있는데 특히 피가 다시 돌기 시작할 때 그렇다. 특이한 점은 손가락 하나 또는 발가락 하나와 같은 손발의 일부에만 나타날 수도 있다는 것이다. 어떤 사람들은 몸의 한쪽에만 이런 증상이 나타나기도 한다. 만약 레이노 현상을 겪고 있다면 주의해야 한다. 해당 신체 부위의 장기 손상으로 이어질 수도 있기 때문이다.

레이노 현상이 심할 경우에는 의학적 치료를 받아야 하지만 단순히 손발이 찰 때는 좀 평범하기는 해도 훨씬 간단한 예방법이 있다. 영국 레이노 협회는 언제든 증상이 나타날 가능성이 있을 때 모자와 장갑, 따뜻한 양말을 사서 착용할 것을 권장한다. 잠자리에서도 모자와 장갑, 양말을 착용하는 것이 좋다. 이것이 어렵다면 여러분의 차가운 손발을 녹여줄 수 있는 따뜻한 사람을 찾아보라.

꿈을 기억할 확률

평균적으로 우리가 인생에서 꿈을 꾸며 보내는 시간은 총 6년으로 추정된다. 다시 계산해보면 하룻밤에 2시간씩 70년 넘게 꾸는 것이다. 여러분의 경험과는 맞지 않을지도 모른다. 왜냐하면 사람들은 대부분 매일 밤의 꿈을 기억하지 못하기 때문이다. 사실 사람들이 꿈을 꾸는 습관을 연구한 기록들에 따르면 우리는 평균적으로 이틀에 한 번 정도만 꿈을 기억한다. '평균'이라는 단어가 다시 나왔다. 여기에는 매일 밤 여러 번의 꿈을 꾸고 기억하는 사람부터 나처럼 꿈을 거의 기억하지 못하는 사람까지 다양한 유형이 포함된다. 하지만 아침에 꿈을 기억하지 못한다고 해서 꿈을 꾸지 않는 것은 아니다.

꿈의 과학은 1935년, 시카고대학교의 너새니얼 클라이트먼Na-
thaniel Kleitman과 그의 제자 유진 아세린스키Eugene Aserinsky가 잠
에는 두 가지 유형이 있음을 발견하면서 시작되었다. 그들은 급속
안구 운동 수면rapid eye movement sleep 또는 렘REM수면이라는 용어
를 최초로 사용했다. 우리는 보통 매일 밤 약 네 번의 렘수면을 거
치게 된다. 렘수면과 렘수면 사이에는 비-렘수면 단계가 있다. 클
라이트먼과 아세린스키가 렘수면에 주목했던 이유는 이 단계에서
는 눈을 감은 상태에서도 안구가 마치 무언가를 보는 것처럼 빠르
게 움직이기 때문이다. 렘수면 단계에 있는 사람을 깨우면 그들은
거의 반드시 꿈을 꾸고 있었다고 말할 것이다. 이것은 우리가 꿈
을 꿀 때 안구 운동을 조절하는 근육이 뇌에서 만들어지는 시각적
이미지에 반응하기 때문인 것으로 여겨진다.

우리는 모두 꿈을 꾼다. 그런데 왜 어떤 사람들은 특히 꿈을 더
잘 기억할까?

가장 간단한 이유는 수면 연구소에서 일어나는 일과 유사하다.
그곳에서 연구자들은 자는 사람들을 깨워 꿈을 꾸었는지 물어본
다. 밤중에 잠에서 깨어나면 꿈을 기억할 확률이 높아진다. 비-렘
수면 중일 때 가장 깊이 잠들고 렘수면 중일 때 가장 얕게 잠들어
있기 때문에 밤에 깬다면 꿈을 꾸고 있던 렘수면 중일 확률이 높
다. 자기 전에 무언가를 너무 많이 마시면 밤에 화장실에 가기 위
해서 반드시 깨게 된다. 임신으로 몸이 무거워진 여성이 꿈을 더
많이 기억하게 되는 이유도 여기에 있다. 아주 진하고 자극적인

음식을 먹어도 소화가 되지 않아 잠에서 깨기 쉽다. 치즈를 너무 많이 먹으면 꿈을 기억하게 된다는 뜻이다. 더 정확히 말하면 자기 전에 지방이 풍부한 유제품을 많이 먹을 경우 소화에 문제가 생겨 렘수면 도중 잠에서 깨기 쉽고, 그러면 꿈을 기억하게 된다. 카페인이나 알코올은 꿈을 기억하는 데 직접적인 영향을 미치지 않는다. 카페인은 잠이 잘 오지 않게 해주는 것뿐이고, 술을 마시면 밤에 잠에서 깨어 꿈을 더 잘 기억할 수는 있지만 이것은 대개 방광 문제에 불과하다.

왜 우리가 매일 밤 꿈을 꾸면서도 매일 아침 기억하지 못하는지에 대한 해답은 아직 나오지 않았다. 수면 연구자들과 심리학자들은 서로 다른 성격 유형과 꿈을 기억하는 능력과의 관계를 꼼꼼히 조사했다. 우리의 생각과 행동을 수치화하기 위해 심리학자들은 종종 다섯 가지 성격 특성 요소라는 것을 이용한다. 이 다섯 가지 요소는 경험에 대한 개방성, 성실성, 외향성, 친화성, 신경증이다. 개인의 성격을 각 요소별로 '높다'에서 '아주 낮다'까지 점수를 매기는 이론이다. 꿈을 기억하는 능력과 성격 사이의 관계를 조사해보니 경험에 대한 개방성 점수가 높게 나온 사람이 꿈을 기억할 확률이 훨씬 더 높았다. 다른 성격 특성과 성별은 관련이 없는 것으로 보인다.

경험에 대한 개방성을 보이는 사람은 신중하고 성실하기보다는 창의적이고 호기심이 많을 것이다. 어휘력이 풍부하거나 상상력이 매우 뛰어날 수 있다. 혹은 아이디어가 넘칠 수도 있다. 경험에 대한 개방성이 높은 사람은 주변 세계에 흥미가 많고, 예술을 사랑하며, 새로운 것을 기꺼이 시도하려 한다. 만약 여러분이 이런 성격이라면 경험에 대한 개방성이 낮은 사람보다 꿈을 더 잘 기억할 확률이 높다. 하지만 왜 어떤 사람들이 특히 꿈을 더 잘 기억하는지에 대해서는 이것 역시 정확한 대답은 되지 못한다. 연관성이 있다는 것이 곧 원인은 아니기 때문이다.

이 부분을 가장 확실하게 설명해줄 단서는 현저성sailence이라는 신경 과학 용어에서만 찾을 수 있다. 이것은 감각을 통해 뇌로 쏟아져 들어오는 수많은 정보 중에서 중요하거나 핵심적인 특징을 골라내는 능력이다. 또한 우리가 이 세상 속에서 길을 잃지 않게 해주는 매우 중요한 특성이다. 내가 여러분에게 친구 또는 친척 등 여러분이 아는 사람의 사진을 보여주었다고 상상해보자. 여러분은 그 사람을 바로 알아볼 수 있을 것이다. 뇌가 머리색이나 얼굴형, 코의 모양과 같은 핵심 특징들을 골라서 포착하기 때문이다. 이 능력이 없다면 하늘의 색, 인물이 입은 옷, 사진 찍은 장소 등 중요하지 않은 수많은 정보에 압도되고 말 것이다. 이 능력은 우리의 뇌 속에 내장되어 있지만 다른 모든 인간의 특성과 마찬가지로 이것을 특히 더 잘 이용하는 사람들이 있다. 극단적인 예를 들자면, 중요하지 않은 것들에 현저성을 잘못 부여할 경우 조현병과 같은 병적 행동이 나타날 수도 있다.

꿈의 기억과 현저성의 관계는 다음과 같다. 여러분이 일상 속에서 흥미롭고 중요한 것을 잘 골라내는 사람이라면 경험에도 개방적일 가능성이 높다. 그런 사람이 잠이 들면 뇌는 꿈속에서 비슷비슷하게 흥미로운 이미지들을 만들어내고, 중요한 것을 잘 골라내는 여러분은 그것을 인식하게 된다.

하지만 수많은 심리학 연구와 마찬가지로 꿈에 관한 실험에 참여하는 이들도 언제나 대학생들이다. 이 대학생들은 대부분 심리학을 공부하고 있고 학점을 받기 위해 실험에 참여한다. 우리는 우리가 알고 있는 얼마 되지 않는 지식이 전 세계 사람들에게도 적용된다고 가정만 할 수 있을 뿐이다. 여러분이 꿈을 잘 기억한다면 그것은 여러분이 경험에 개방적이고 중요하거나 흥미로운 것을 잘 찾아내는 성격이기 때문일 수도 있다. 하지만 이것으로 완벽하게 설명할 수는 없다. 왜냐하면 나를 포함한 어떤 사람들은 꿈은 잘 기억하지 못하지만 경험에 대한 개방성에서는 높은 점수를 받기 때문이다. 이것은 그저 언제나 무언가에 서투른 사람이 있다는 사실을 증명해줄 뿐이다.

지독한 땀 냄새

어떤 종류든 운동을 하는 곳에 자주 다녀본 사람이라면 탈의실에서 지독한 냄새를 맡아본 적이 있을 것이다. 인간의 몸이란 운동을 하면 당연히 냄새가 나는 거라고 생각할지도 모른다. 하지만 모든 사람이 그런 것은 아니고, 모든 땀이 냄새가 고약한 것도 아니다.

사람이 배출하는 땀은 대부분 99퍼센트의 물과 약간의 염화나트륨(소금)으로 이루어지며 여기에 칼륨, 칼슘, 마그네슘 등이 미량 포함되어 있다. 생성된 땀은 피부 위에서 증발하면서 체온을 낮추고 소금기를 남긴다. 땀이 굉장히 많이 났을 경우에는 이 소금 성분이 옷 위에 하얀 자국을 남기기도 한다. 하지만 여기에서는 냄새가 나지 않는다. 그렇다면 지독한 땀 냄새는 어디서 나는 것일까? 땀에는 두 가지 종류가 있다. 물과 약간의 소금으로 이루어진 일반적인 땀이 있고, 악취가 나는 땀이 있다.

우리의 피부 안에는 수백만 개의 땀샘이 있다. 땀샘은 손바닥에 가장 **빽빽**이 밀집해 있어서 1제곱센티미터당 약 350개의 땀샘이 분포하고 있다. 무릎 앞쪽에도 땀샘이 분포하지만 여기는 밀도가 가장 낮아서 1제곱센티미터당 약 50개 정도밖에 없다. 손, 다리, 등을 비롯해 몸의 대부분에 분포한 이 땀샘을 에크린 땀샘eccrine sweat gland이라고 부른다. 에크린 땀샘은 피부 표면 바로 아래에 공 형태로 구불구불하게 말린 하나의 관으로 이루어져 있으며, 이 공에서 뻗어 나온 관이 피부의 표면까지 이어져 있다. 심부 체온이 올라가면 뇌는 무의식중에 무언가를 해야 한다는 것을 깨닫는다. 그러면 신경이 자극되고 땀샘이 활성화되어 물과 소금을 분비한다. 이것이 땀샘을 타고 올라가 피부 위로 나오면 그 온도가 내려간다. 그 결과 피부 근처 혈류의 온도도 내려가고 이 혈류가 다시 몸의 중심으로 흘러가 정상 체온으로 되돌리게 된다.

그런데 또 다른 종류의 땀샘이 존재한다. 바로 아포크린 땀샘apocrine sweat gland이다. 이 땀샘은 단 몇 군데에서만 발견된다. 주로 겨드랑이와 사타구니에 분포하지만 유두 주변, 남성의 턱수염이 자라는 위치, 귓속, 속눈썹 아래쪽, 콧속처럼 기묘한 위치에서도 발견된다. 아마도 여러분은 이 모든 위치가 전부 짧고 곱슬곱슬한 털이 자라는 부위임을 깨달았을 것이다. 아포크린 땀샘은 에

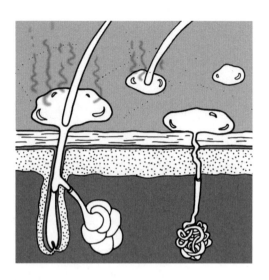

악취가 나는 아포크린 땀샘(왼쪽)과 악취가 나지 않는 에크린 땀샘(오른쪽).

크린 땀샘과 달리 짧고 곱슬거리는 털의 모근으로 땀을 배출하는 관 형태로 이루어져 있다. 이 땀샘에서 배출하는 땀은 불쾌한 악취를 낸다.

이 두 땀샘의 차이는 땀을 분비하는 방법에 있다. 에크린 땀샘에서는 관 내부의 세포 안에서 물과 소금으로 이루어진 작은 풍선들이 만들어진다. 이 풍선은 세포의 표면으로 올라가 관 안에 내용물을 비우는데, 이 액체가 바로 땀이다. 아포크린 땀샘의 작용 방식은 완전히 다르다. 이 땀샘 내부의 세포 안에도 물과 소금으로 이루어진 작은 풍선들이 가득 차 있기는 하다. 하지만 그 액체를 신중히 분비하는 것이 아니라 그냥 세포가 터지면서 내용물이 모근으로 통하는 관 안으로 분출된다. 아포크린 땀샘이 분비하는 땀에는 물과 소금뿐만 아니라 지방, 단백질, 당과 같은 폭발한 세포들의 내용물도 포함되어 있다. 이 땀은 처음에는 불투명하고 살짝 점성을 띠지만 냄새는 없는 액체다.

안타깝게도 아포크린 땀샘이 분비한 땀은 피부에 살고 있는 세균들의 먹잇감이 된다. 세균들은 곧장 땀 안의 지방과 단백질, 당을 소화시키며 냄새가 나는 여러 화학물질을 생성하기 시작한다. 그중 세 가지가 독특한 체취를 만들어낸다. 지방이 분해될 때 생성되는 부티르산butyric acid과 이소발레르산isovaleric acid은 강한 치즈 냄새의 원인이 된다. 부티르산의 경우는 토사물 같은 냄새도 유발한다. 때로는 식초 냄새가 나는 프로피온산propionic acid이 생성되기도 한다. 이러한 세균 소화 과정에서 발생하는 부산물들이 합쳐져서 땀의 악취를 만들어내는 것이다.

흥미롭게도 지독한 땀 냄새에는 유전적 요인도 몇 가지 있다. ABCC11이라는 알쏭달쏭한 이름을 가진 유전자에서 나타나는 변형이 그러한데, 동아시아인들에게서 흔히 발견된다. 이 유전적 차이는 두 가지 결과를 불러온다. 먼저 끈적거리는 귀지가 아니라 마른 귀지가 생성된다. 이것은 흥미롭지만 생리적으로 아무 영향도 미치지 않는다. 하지만 이러한 유전자를 지닌 사람들은 아포크린 땀샘이 훨씬 더 적어서 땀 냄새가 덜 난다.

땀을 구성하는 화학물질은 파트너의 선택에도 영향을 미칠지 모른다. 면역 체계의 일부로서 우리는 각자 세포 표면 위에 주요

조직 적합성 복합체major histocompatibility complex*라는, 유전적으로 결정된 고유의 분자를 가지고 있다. 파트너를 선택할 때 우리는 말 그대로 자신의 것과 맞지 않는 MHC를 가진 사람을 냄새로 알아챌 수 있는 것처럼 보인다. 이론상으로는 그러한 파트너를 만나 얻은 자식이 조금 더 다양한 MHC를 갖기 때문에 더 건강할 것이다. 이것은 우리가 왜 한 가지가 아니라 두 가지 종류의 땀을 갖도록 진화했는지를 설명해주는 이유이기도 하다.

하지만 이 중 어떤 것도 가장 지독한 땀 냄새의 원인을 설명해주지는 못한다. 물론 이것은 운동화, 플림솔,** 스니커즈, 트레이너 등등 여러분이 무엇으로 부르든 상관없는 바로 그것을 이야기하는 것이다. 이런 신발을 규칙적으로, 특히 양말을 신지 않고 신으면 굉장히 불쾌한 냄새가 난다. 사실 발에는 아포크린 땀샘이 없다. 발에는 물과 소금을 만드는 에크린 땀샘밖에 없기 때문에도 신발에서도 냄새가 나지 않아야 한다. 하지만 여러분이 걷거나 활발하게 운동을 할 때 발에서 많은 양의 각질이 떨어진다. 이 노폐물이 축축하고 밀폐된 운동화 안에 떨어지면 또다시 세균들이 영양을 공급받는다. 그래서 끔찍하게 지독한 냄새를 내는 소화 작용의 부산물을 생성할 기회가 주어지는 것이다.

* 줄여서 MHC라고 부른다.
** 국내에서는 주로 캔버스화라고 부른다.

새로운 팔다리를 얻는 법

최근에 손톱을 깎다가 이런 생각이 들었다. 왜 손톱은 자르면 다시 자라는데 손가락은 그렇지 않을까? 손가락은 아주 살짝만 잘라내도 다시 자라지 않을 것이다. 흉터 조직이 생기면서 아물면 끝이다. 사실 간을 제외하면 주요 신체 부위 중 어떤 것도 다시 자라나지는 않는다. 하지만 세상에는 손실된 부위가 다시 자라나는 동물들이 있다. 왜 우리는 그들처럼 팔다리가 다시 자라게 할 수 없을까? 만약 그럴 수 있다면 상당히 유용할 텐데 말이다.

신체 부위의 재생은 SF소설과 만화책들이 즐겨 다루어왔던 주제이지만 과학 분야에는 더 오래된 기록이 남아 있다. 1744년, 아브라함 트랑블레Abraham Trembly라는 스위스의 가정교사가 네덜란드 상류층 정치인의 아이들을 가르치던 중 연못물의 표본에서 현미경으로 보아야만 보이는 이상한 생물을 발견했다. 그는 이 작고 젤리 같은 덩어리에 히드라라는 이름을 붙였다. 몸의 한쪽에서 여러 개의 촉수가 뻗어 나온 모양이 그리스신화의 머리가 많은 괴물을 연상시켰기 때문이었다.

이 이상하고 새로운 생물을 관찰하는 데만 만족할 수 없었던 그는 이것을 가지고 실험을 해보기로 결정했다. 18세기 과학의 관습에 따라 당연히 해야 할 일은 이 생물을 반으로 잘라보는 것이었다. 트랑블레가 실험 결과를 발표하자 과학계는 놀라움에 휩싸였다. 반으로 자른 히드라는 죽지 않고 두 마리의 새로운 히드라로 자라났다. 반 토막 난 몸이 각각 재생되어 온전한 한 마리가 된 것이었다.

그 후 팔다리를 재생시키거나 손상을 복구하는 능력을 가진 여러 종류의 동물들이 발견되었다. 가장 잘 알려진 예는 도마뱀붙이다. 도마뱀의 일종인 이 녀석은 놀라운 능력을 두 가지 지니고 있다. 첫 번째로 도마뱀붙이는 수직 방향의 벽을 타고 올라갈 수 있다. 이것은 무척 멋있는 능력이지만 재생과는 아무 상관이 없다. 두 번째로는 포식자에게 공격을 받으면 꼬리를 끊어버릴 수 있는데, 몇 주 후면 꼬리가 새로 자라난다. 사실 도마뱀붙이는 신체 재생 능력이 무척이나 뛰어난 동물이다. 다리, 턱, 내부 기관뿐만 아니라 눈까지 다시 자라나는 것으로 유명하다. 다쳐서 완전히 죽지 않는 한 손실되거나 손상당한 부분을 계속해서 다시 자라나게 할 수 있는 듯하다.

우리는 도마뱀붙이의 친척인 도롱뇽을 연구함으로서 재생에 대해 조금 더 많은 지식을 얻게 되었다. 도롱뇽도 도마뱀붙이와 같은 재생 능력을 갖고 있다. 물론 수직 방향의 벽을 기어 올라갈 수는 없기 때문에 조금 덜 멋있기는 하다. 도롱뇽의 다리가 잘려나가면, 잘려나간 부위의 표면에 세포층이 형성되면서 그 아래 조직에 신호를 보낸다. 그러면 이 조직 안에 있는 세포들이 도롱뇽의 배아에서 볼 수 있는 것과 같은 종류의 세포로 되돌아간다. 이것을 줄기세포라고 하는데 이 세포는 근육, 뼈, 신경, 피부 등 온갖 종류의 조직으로 자라날 수 있는 능력을 가지고 있다. 수없이 다양한 조직을 만들 수 있는 줄기세포는 다 자란 동물의 몸에서는 찾아보기 힘든 것이다.

인간의 몸속에도 제한적인 범위 내에서 이런 능력을 발휘할 수 있는 세포가 몇 종류 있다. 예를 들어 골수세포는 적혈구와 백혈구를 포함한 십여 종류의 혈구로 변화할 수 있다. 하지만 다 큰 성인의 체내에는 팔다리를 재생시키는 데 필요한 조직을 만드는 세포는 존재하지 않는다. 도롱뇽의 잘려나간 다리 위의 피부가 어떻게 그 아래의 세포들을 변화시키는지는 아직도 수수께끼다.

무엇보다 우리는 다리의 재생이 어떻게 진행되는지를 알지 못한다. 줄기세포가 만들어진 후에, 어떻게 일부는 근육이 되고 일부는 뼈가 되는지 알 수 없다. 세포들이 어떻게 다리의 형태를 파악하여 언제부터 다리를 만드는 것을 그만두고 발을 만들어야 할지를 아는지도 수수께끼다. 답을 찾지 못한 의문점이 너무나도 많다.

포유류 중에서는 비슷한 예를 찾지 못하던 중 가시 생쥐가 과학계에 등장했다. 2012년, 플로리다대학교의 발달생물학자들은 아프리카 가시 생쥐 종에 관한 연구 결과를 발표했다. 뾰족뾰족한 털을 지니고 있어서 '가시'라는 이름이 붙은 이 작고 귀여운 쥐는 놀랍게도 포식자가 나타나면 피부 일부를 근육 아래까지 깊숙이 떼어내고 도망칠 수 있다. 그 후에는 큰 흉터 없이 피부가 다시 재생된다.

일부 포유류와 도마뱀, 히드라에게는 이런 일이 가능한데 인간에게는 불가능하다. 적어도 아직까지는 말이다. 오히려 인간의 몸은 이것을 거부하는 것처럼 보인다. 한 가지 가설은 작은 쥐에 비해 긴 수명을 지닌 인간에게는 재생이 치명적인 특성이 될 수 있다는 것이다. 성인의 세포가 다시 자라나는 것이 가능해질 경우 잘못하면 죽음을 초래하는 암으로 이어질 수도 있다. 더 오래 살수록 이런 일이 일어날 가능성이 더 높아지므로 도롱뇽과 같은 재생을 할 수 없도록 진화해왔다는 것이다.

신체 부위를 재생하는 꿈은 아직 현실화되기에는 아득히 멀어 보인다. 오래 사는 포유동물이자 척추동물로 진화해왔다는 것은 줄기세포를 만드는 능력이 차단되었다는 뜻이다. 그 결과 우리 몸을 구성하는 다양한 조직을 재생시키는 능력을 잃어버렸기 때문에 팔다리를 다시 자라게 하는 것은 현재로서는 불가능하다. 〈스파이더맨〉의 커트 코너스가 사용한 약물을 개발하지 않는 한 말이다.

불행히도 그는 이 약물로 인해 팔은 재생되었지만 그 대신 사악한 도마뱀으로 변하고 말았다. 아마도 약물 규제 당국은 이러한 부작용을 결코 반가워하지 않을 것이다.

다섯 번째 문

우리 주변을
둘러싼 과학

백금으로 덮인 도로

여러분의 자동차 안, 대개 엔진 아래쪽에는 배기 장치와 연결된 강철 상자가 하나 있다. 이 상자는 1970년대 중반부터 자동차 내부에 설치되기 시작했고 지금은 어떤 승용차, 밴, 화물차에서든 볼 수 있다. 상자의 안쪽에 들어 있는 세라믹으로 된 벌집 형태의 장치는 약 3~4그램의 백금과, 백금만큼 빛나고 값비싼 금속인 팔라듐palladium과 로듐rhodium으로 코팅되어 있다. 이 금속들은 배기가스 안에서 화학작용이 일어나도록 도와 유해할 수도 있는 기체를 대부분 무해한 기체로 바꾸어놓는다. 백금과 다른 금속들은 촉매 역할을 한다. 촉매는 화학반응에 의해 소모되지 않으면서 아주 소량만으로도 반응을 촉진할 수 있다. 이 귀금속 촉매가 바로 자동차 아래쪽에 촉매 변환기라고 불리는 강철 상자를 설치하는 이유다. 또한 촉매 변환기를 교체하려면 많은 돈이 드는 이유이기도 하다.

백금으로 덮인 겉모습과는 달리 촉매 변환기의 내부는 칙칙한 회색이나 갈색이다. 안에는 코디어라이트 모노리스cordierite mono-lith라고 불리는 길이 약 20센티미터, 지름 약 15센티미터인 세라믹 소재의 블록이 들어 있다. 하지만 이 블록은 그냥 고체 덩어리가 아니다. 이 안에는 대개 단면이 사각형이고 너비는 1밀리미터 정도인 작은 관 형태의 구멍 수천 개가 아름답고 규칙적인 패턴으로 배열되어 있다. 가끔 이 모노리스를 물결 형태의 금속판으로 만들기도 하지만 원하는 결과물은 같다. 배기가스가 통과할 수 있는, 표면적이 넓은 블록을 만드는 것이다.

이 모노리스를 백금, 팔라듐, 로듐이 포함된 용액에 적신다. 관 내부를 이 용액으로 코팅하고 말리면 미세하게 울퉁불퉁한 표면이 남는다. 이런 노력을 하는 것은 백금, 팔라듐, 로듐으로 코팅된 표면적을 최대한으로 확보하기 위해서다. 그리고 그 이유를 알기 위해서는 기체 내에서 일어나는 작용을 고체가 어떻게 돕거나 촉진하는지를 이해해야 한다.

가솔린 기관에서 나오는 배기가스에는 여러 유해한 기체가 포함되어 있다. 가장 잘 알려진 것은 유해한 온실가스인 일산화탄소이지만 대기 오염의 주범인 불연소된 연료도 있다. 아마도 가장 불쾌한 것은 산성비를 내리게 하고, 태양의 자외선을 막아주는 대기권 오존층을 파괴하는 질소 산화물일 것이다. 요즘의 촉매 변환기는 이 세 가지 기체를 모두 처리한다. 백금과 팔라듐은 산소가 일산화탄소, 불연소된 연료와 반응하여 무해한 이산화탄소와 수증기를 생성하도록 돕는다. 로듐과 백금은 질소 산화물이 기체 질소와 산소로 분해되는 과정을 촉진한다. 이러한 반응이 일어나려면 기체가 이 금속들과 물리적으로 접촉해야 한다. 그래서 가느다란 관들이 뚫려 있는 세라믹 모노리스가 필요한 것이다. 그냥 백금 덩어리만 있었다면 대부분의 기체가 백금과 접촉하거나 반응하지 않고 그 위로 흘러가 버렸을 것이다.

최신 촉매 변환기에는 몇 가지 사소한 문제점이 있다. 일산화탄소와 불연소된 연료가 화학반응을 일으키기 위해서는 산소가 필요하다. 배기가스에 아주 적은 양의 산소가 포함되도록 차를 정비하는 것도 가능하다. 요즘 자동차들은 배기가스가 촉매 변환기에 들어가기 전후의 산소 농도를 측정해 그에 따라 엔진에 주입되는 공기와 연료의 비율을 조절한다. 또 다른 문제는 이 모든 화학반응이 대개 400도 이상의 높은 온도에서만 발생한다는 것이다. 그리고 변환기가 이 온도에 도달하는 데는 약 5분이 걸린다. 따라서 짧은 주행 시간 동안 만들어지는 오염 물질은 무해한 물질로 변환되지 못한다. 촉매 변환기가 충분히 가열되기 전에는 작동하지 않기 때문이다.

촉매 변환기는 유해 물질에 민감해서 냉각수가 샌다거나 연료에 납이 들어 있다든가 하면 영구적으로 손상된다. 그래서 무연

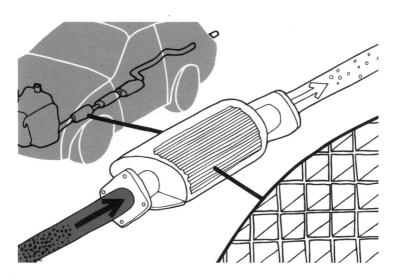

자동차의 촉매 변환기 내부.

연료가 보편화된 후에 생겨나기 시작한 것이다. 하지만 가장 큰
문제는 자동차의 촉매 변환기가 소모품이라는 점이다. 금속 자체
가 소모되어서가 아니다. 촉매는 화학반응을 거쳐도 소모되지 않
는다는 점을 기억하자. 대신 주행으로 인한 진동과 충격 때문에
세라믹 모노리스 위에 코팅된 촉매들이 떨어져 나간다. 결국 돈을
들여서 새 촉매 변환기를 사야 하는 이유는 오래된 변환기에서 떨
어져 나온 금속들이 배기 파이프를 통해 빠져나가 길 전체에 뿌려
지기 때문이다.

이것은 요즘 도로 위를 덮은 먼지 속에 백금, 팔라듐, 로듐이 가
득하다는 뜻이다. 도로 위에 쌓인 것들을 수거하여 비닐 포장지,

캔, 유기 물질 등의 지저분한 것을 모두 골라내고 나면 진한 갈색의 찌꺼기만 남는다. 이 중 대부분은 자동차가 마모되면서 떨어져 나온 것이다. 자동차를 몰아본 사람이라면 비싼 타이어를 얼마나 자주 교체해야 하는지 알 것이다. 그것들은 다 어디로 갈까? 갈려 나간 고무는 촉매 변환기에서 떨어져 나온 금속 입자들과 함께 도로 위에 쌓인다.

세계적인 백금 광산에서도 채굴한 광석에서 얻는 백금의 비율은 몇 백만 분의 일 정도다. 비용이 많이 들고, 지저분하고, 환경을 파괴하는 일이지만 추출된 백금이 엄청나게 귀하기 때문에 그 정도의 노력을 들일 가치가 있다. 도로에서 얻은 갈색 찌꺼기에도 광산에서 캐낸 광석과 비슷한 비율의 백금이 포함되어 있다. 여기에서 백금, 팔라듐, 로듐을 정제해내는 기술을 영국 버밍엄대학교의 과학자들이 이제 막 개발하기 시작했다. 만약 성공한다면, 영국에만 수천만 파운드 가치의 귀금속이 도로 위에 뿌려져 있는 셈이다.

미끄러운 얼음의 수수께끼

물은 어떤 형태를 띠든 우리가 일반적인 물질에서 기대하는 성질을 배신하는 아주 이상한 물질이다. 더욱 이상한 사실은 동시에 우리와 가장 친숙한 화학물질이기도 하다는 점이다. 물은 우리의 일상 곳곳에 문자 그대로 스며들어 있지만, 그럼에도 아직 풀리지 않은 몇 가지 수수께끼를 지니고 있다. 그중 대표적인 것은 얼은 물, 즉 얼음이 미끄러운 이유다.

교과서나 인터넷을 찾아보면 얼음이 미끄러운 이유에 대해 다음과 같이 설명하는 경우가 가장 많다. 우리가 얼음 위에 서 있으면 압력이 가해져 얼음이 녹으면서 표면에 물로 된 층이 형성되기 때문에 미끄러워진다는 것이다. 대개 이러한 설명과 함께 압력을 가하면 얼음이 녹는다는 것을 보여주는 다음의 실험을 함께 소개하곤 한다. 네모난 얼음 덩어리 위에 철사를 올려놓고 이 철사의 양쪽 끝에 무거운 추를 매단다. 그러면 추의 무게가 얼음 위에 놓인 철사 아래쪽에 높은 압력을 가한다. 이 압력이 철사 아래쪽 얼음의 녹는점을 0도와 주변 온도보다 더 낮춘다. 이제 철사 아래의 얼음이 녹으면서 철사가 천천히 얼음 안으로 파고들기 시작한다. 실험이 제대로만 이루어지면 철사가 얼음 안으로 파고들어간 뒤 압력에 의해 생성된 물이 다시 얼면서 얼음은 원래 상태로 돌아간다. 따라서 철사가 얼음을 통과한 뒤에도 얼음은 깨지지 않고 그대로 남아 있다.

안타깝게도 실생활 속의 예로 계산해보면 이 가설이 들어맞지 않는다. 스케이트를 신고 서 있는 사람을 예로 들어보자. 스케이트가 가하는 압력은 추를 매단 철사와 같은 인위적인 조건으로 만들어지는 압력에 비하면 아주 작다. 그래서 스케이트 아래쪽 얼음의 녹는점은 겨우 0.02도 정도밖에 내려가지 않는다. 그런데 스케이트는 0도보다 한참 낮은 온도에서도 여전히 얼음 위에서 미끄러지므로 압력 가설만으로는 얼음이 미끄러운 원인을 설명할 수 없다.

지난 몇십 년간 몇 가지 다른 이론들이 그 이론을 뒷받침해줄 실험 데이터들과 함께 제시되었다. 1996년, 캘리포니아 버클리 연구소의 가보르 소모자이Gabor Somorjai는 얼음을 미끄럽게 만드는 요인을 연구해보기로 결정했다. 그는 얼음 표면 위의 물이 윤활제 역할을 하기 때문이라는 합리적인 가정에서 출발했다. 일상생활에서의 경험도 이 가정을 뒷받침해준다. 얼음을 냉동실에서 꺼내면 그 표면이 젖어 있고 미끄럽다. 그런데 0도 이하의 온도에서 얼음을 관찰해보면 물기가 전혀 보이지 않는다. 얼음 표면은 단단히 얼어 있는 것처럼 보이는데 그래도 여전히 미끄럽다. 소모자이 박사는 매우 차가운 얼음에 전자빔을 발사해보기로 했다. 이론상으로는 표면이 100퍼센트 고체여야 했지만 전자빔을 발사한 결과 액체 표면에 반사될 때와 비슷한 패턴을 보였다. 이 결과에 대해 얼음 표면의 물 분자는 결합력이 부족해서 액체 안에서처럼 자유롭게 돌아다닌다는 설명이 제시되었다. 그리고 이러한 움직임 때문에 아주 차가운 얼음의 표면 위에도 분자 몇 개 정도 두께의 액체 층이 생긴다. 이 층은 너무 얇아서 눈에 보이지는 않지만 어떤 온도에서든 얼음을 미끄럽게 만들기에는 충분하다.

여기까지는 좋았다. 그런데 몇 년 후 2002년, 소모자이 박사의 버클리 연구소 동료인 미쿠엘 살메론Miquel Salmeron이 원자력 현미경이라는 근사한 도구를 사용해 얼음 표면의 마찰력을 측정했다. 이 현미경은 작은 전축 바늘 같은 것을 이용해 대상의 표면 위를 돌아다니며 여러 측정을 수행한다. 특히 현미경적 수준에서 대상 표면의 거친 정도를 알아낼 수 있다. 살메론 박사는 현미경으로 관찰했을 때 얼음의 표면은 매끄럽지 않고 아주 거칠다는 것을 발견했다. 이런 경우 얼음 위에서 아주 작은 움직임만 있어도 거친 표면 위에 마찰이 생기고 이 마찰이 열을 발생시킨다. 살메론은 이것이 얼음을 미끄럽게 만든다고 주장했다. 현미경적 수준에서의 마찰이 발생시킨 열이 얼음의 표면을 녹여 미끄럽게 만든다는 것이다.

결국 우리에게는 쓸모없어진 이론 하나와 두 개의 가능한 가설이 있다. 두 가설 모두 근거가 되는 데이터가 있다. 두 가지는 서로 모순되지는 않지만 그렇다고 서로를 뒷받침해주지도 않는다. 그렇다면 대체 얼음은 왜 미끄러울까? 그 고민은 아직도 진행 중이다. 내가 가장 기묘하게 생각하는 것은 이렇게 평범한 질문에 대한 해답이 아직도 확실히 밝혀지지 않았다는 사실이다. 어쩌면 두 이론이 모두 타당할지도 모르고 혹은 전혀 다른 이유가 있을지도 모른다. 어찌 되었든 다가오는 겨울에 여러분이 얼음 위에서 미끄러져서 아프게 엉덩방아를 찧게 된다면, 과학이 알고는 있지만 그 이유를 설명하지는 못하는 현상을 경험했다는 사실에서 기쁨을 얻기 바란다.

전기의 변환

지금 내가 앉아 있는 방 안에는 총 여덟 개의 가전제품이 있다. 이 중 여섯 개는 교류AC를 12볼트의 직류DC로 바꾸어주는 전력 변환기를 통해 전원과 연결되어 있다. 일곱 번째는 컴퓨터인데 이 또한 직류로 돌아간다. 물론 파워팩이 본체 안에 들어 있기는 하지만 말이다. 마지막은 발밑에 놓인 문서 세절기로, 분해해보지 않고는 확신할 수 없지만 여기에는 전력 변환기가 없다. 이 방에서 교류로 돌아가는 것은 이 제품뿐이다. 집 전체를 둘러보아도 이러한 패턴이 반복된다. 가전제품은 집의 콘센트로 공급되는 교류보다는 직류를 대부분 사용한다.

　이상하게 느껴질지도 모르겠다. 모든 가정마다 구비되어 있는 전력 변환기의 효율은 기껏해야 90퍼센트다. 2001년에 조지 부시 대통령은 한 연설에서 파워팩을 '에너지 뱀파이어'라고 불렀다. 들어가는 에너지의 10퍼센트를 낭비할 뿐만 아니라 오래된 모델은 심지어 가전제품을 사용하지 않고 플러그만 꽂아놓아도 전력을 소모하기 때문이다. 이렇게 낭비된 에너지는 열로 방출된다. 이것은 플러그를 뽑을 때 금방 알 수 있다. 차라리 가정에 직류 전기를 공급하는 게 합리적으로 보인다.

새로운 생각은 아니다. 가정용 직류 전기는 교류 전기보다 더 먼저 공급되었다. 1880년대 미국에서는 산업계의 두 거물이 가정에 전기를 공급하는 방식을 놓고 경쟁을 벌였다. 위대한 발명가이자 기업가였던 토마스 에디슨이 이 '전류 전쟁'의 한쪽 편에 서 있었다. 그는 직류가 더 안전하고 유용하다고 주장했다. 예를 들어 직류 전기 모터는 오랜 발전 끝에 효율적이고 실용적인 기계가 되었지만 교류 전기 모터는 이제 막 개발된 단계였다. 에디슨은 자신의 경쟁자인 조지 웨스팅하우스의 신뢰도를 무너뜨리기 위해 필사적인 노력을 기울였다. 그는 수단을 가리지 않고 교류 전기를 비방하는 캠페인을 벌이기 시작했다. 교류 전기로 인한 사고를 널리 알리고 교류 전기로 거리의 개와 고양이들을 감전시켜 죽이는 모습을 촬영했다. 심지어 교류 전기를 사용해 죄수들을 사형하는 전기의자를 발명하기까지 했다. 게다가 비열하게도 자신의 전기의자에 앉는 것을 '웨스팅하우스되기being Westinghoused'라고 표현했다. 하지만 조지 웨스팅하우스는 니콜라 테슬라 같은 인물과 손을 잡고 결국 승리를 이루어냈다. 아무도 발전소 옆에 살고 싶어 하지는 않았기 때문에 장거리 송전이 가능해야 했기 때문이다.

전기가 전선을 따라 흐를 때는 전선이 아무리 굵고 전도성이 높더라도 에너지 손실이 있게 마련이다. 에너지 손실량은 전선을 흐르는 전류량에 달려 있다. 전류가 2배가 될 경우 에너지 손실은 4배가 되고 전류가 절반이 되면 에너지 손실은 4분의 1이 된다. 또한 전력의 크기가 정해져 있을 때 전류가 낮아지면 전압은 높아진다.

전기에 관한 이 두 가지 사실은 우리가 전선을 통해 장거리 송전을 하는 방법에 영향을 미친다. 에너지 손실을 최소화하려면 전류가 낮아야 하지만 이 낮은 전류에서 충분한 양의 전력을 전달하려면 전압이 매우 높아야 한다. 우리가 현재 발전소로부터 송전선을 통해 전기를 보내는 데 사용하는 시스템의 전압은 76만 5,000볼트가 넘는다. 이것이 에너지 손실을 최소화하면서도 효율적으로 전기를 송신할 수 있게 해준다. 여기서 문제는 이렇게 높은 전압을 만들어내는 것이다.

교류는 낮은 전압을 높은 전압으로 바꾸었다가 다시 낮은 전압으로 바꾸는 일이 매우 쉽다. 마이클 패러데이는 전류 전쟁이 일어나기 약 50년 전에 이러한 기능을 가진 변압기를 발명했다. 이 변압기를 사용하면 발전소의 전압을 수십만 볼트로 높여서 지역의 작은 발전소들로 보낸 다음 다시 적당한 전압으로 낮추어 가정에 공급할 수 있다.

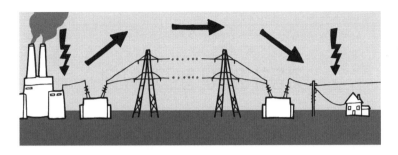

교류 변압기를 사용해 전력을 멀리까지 송신한다.

　12볼트 직류를 발전소에서 1킬로미터 떨어진 가정으로 보내려면 저항을 낮추기 위해 전선의 직경이 무려 50센티미터는 되어야할 것이다. 차고에 12볼트의 직류 전원이 있는 일반적인 크기의 집이라 해도 현재 있는 전선보다 4배는 굵은 전선이 필요할 것이다. 즉, 직류가 필요한 곳이라 해도 거기까지 이동하는 데는 교류를 쓰는 것이 훨씬 편하다.

　여러분이 갖가지 종류의 전력 변환기를 귀찮아한다 해도 다른 방법은 없다. 안타깝게도 우리가 사용하는 모든 전자 제품들은 민감한 실리콘 마이크로회로와 칩에 의존하고, 이것은 한 방향으로 흐르는 전기로만 작동하기 때문에 직류를 사용할 수밖에 없다. 요즘 나오는 전력 변환기는 훨씬 효율적이고, 크기도 작고, 사용하지 않을 때는 에너지를 소모하지 않을 뿐만 아니라 기본적인 물리학 법칙에 따라 이것을 사용하지 않는 것은 불가능하다는 점에서 위안을 얻기 바란다.

자동차 좌석이 일으키는 전기

여러분이 자동차에서 내릴 때 흔히 튀는 불꽃은 길이가 약 1센티미터이고 건조한 공기 중에서는 2~3만 볼트에 달하는 정전기를 일으키기도 한다. 2만 볼트라고 하면 굉장히 위험하게 들리겠지만 우리는 모두 장기적인 부작용 없이 훨씬 더 강한 전압을 경험해본 적이 있다.

정전기에 대한 우리의 지식은 과학의 역사를 넘어 기원전 600년까지 거슬러 올라간다. 이 무렵 고대 그리스의 철학자 탈레스가 정전기를 처음 언급했다. 그는 호박amber을 고양이의 몸에 대고 문지르면 작은 탁탁 소리와 함께 불꽃이 일어난다는 점에 주목했다. 탈레스는 이 현상의 의미가 무엇인지를 고민했고 그 과정에서 아마도 고양이 여러 마리를 화나게 했을 것이다.

그 후 2,000년 이상이 지난 19세기 후반에 와서야 우리는 왜 고양이와 호박이 만나면 불꽃을 일으키는지를 이해하게 되었다. 모든 전기의 중심에는 전자electron가 있다. 전자를 처음 발견하고 그 존재를 규명한 사람은 영국 케임브리지대학교의 교수였던 조지프 존 톰슨Joseph Jon Thomson이었다. 그는 원자 안에 들어 있는 이 놀랍도록 작고 전하를 지닌 입자가 모여 전기를 흐르게 만들고 불꽃을 일으킨다는 사실을 알아냈다.

탈레스가 고양이에게 호박을 문지를 때 고양이털 안의 전자가 호박으로 옮겨가면서 고양이는 살짝 양전하를 띠게 되고 호박에는 음전하가 축적된다. 이 전하의 차이가 충분히 커지면 둘 사이에 불꽃이 일어난다. 아마 이 무렵부터는 고양이가 더 협조해주지 않을 것이다. 이것은 단지 고양이와 호박 사이에서만 일어나는 일이 아니다. 전자를 잘 내주는 물질도 많고 전자를 잘 받아들이는 물질도 많다.

강한 신념을 가지고 오랫동안 이 현상을 연구해온 과학자들은 마찰 전기 시리즈triboelectric series라는 목록을 만들었다. 여기에서 tribo는 '문지르다'라는 뜻의 그리스어에서 온 것이다. 이 목록에는 전자를 내주는 성질이 강해서 문질렀을 때 양전하를 띠기 쉬운 물질들과 전자를 받아들이는 성질이 강해서 쉽게 음전하를 띠는 물질들이 정리되어 있다. 전자를 내주기 쉬운 물질의 목록에서 거의 최상단에 위치한 것이 바로 인간의 머리카락이다. 그보다 조금 내려가면 고양이가 있고 그보다 한참 더 아래로 내려가면 전자를 받아들이기 쉬운 물질들이 열거된다. 여기에는 풍선의 재료가 되는 고무도 포함되어 있다. 그래서 머리카락을 풍선에 문지르면 정전기가 일어나 머리카락이 곤두서는 것이다. 풍선에 문질러질 때 머리카락은 양전하를 띤다. 양전하는 서로 밀어내기 때문에 머리카락들도 서로를 밀어내어 곤두서게 되고, 일부는 음전하를 띠는 풍선에 달라붙기도 한다.

우리는 모두 이러한 현상을 경험한 적이 있다. 이렇게 발생하는 전기는 움직이지 않고 정지해 있기 때문에 정전기라고 불린다. 전지 또는 콘센트에서 나오는 전기는 전도성을 띠는 전선을 따라 흐르지만 정전기는 머리카락, 고무, 고양이와 같은 비전도성 물체 위에서 형성된다. 우리가 정전기의 존재를 알 수 있는 것은 머리카락이 일어서거나 불꽃이 튈 때뿐이다. 사실 공기는 완전히 쓸모없는 전도체는 아니다. 두 개의 인접한 물체 사이에서 정전하가 충분히 축적되면 결국 전자들이 양전하를 중성화시키면서 그 사이를 이동하게 될 것이다. 이렇게 되면 전자의 흐름으로 인해 발생하는 마찰로 공기 중에 놀라울 정도의 열이 발생된다. 이 갑작스러운 가열과 그 후의 냉각으로 인해 탁탁 튀는 소리가 나는 것이다. 공기의 습도에 따라 불꽃 1센티미터를 일으키는 데는 약 1만 5,000볼트에서 3만 볼트 사이의 전압이 필요하다.

그렇다면 우리가 차에서 내릴 때 종종 느끼는 불꽃은 이 고대 그리스의 호박과 고양이들과 어떤 관계가 있을까? 자동차 좌석은 내

구성이 강하고 앉기에 편하도록 설계되어 있다. 이런 목적을 위해 디자이너들은 대개 좌석에 폴리에스테르 천, 때로는 비닐 코팅된 천을 씌운다. 반면 여러분은 면이나 양모, 나일론 같은 조금 더 편안한 소재의 옷을 입고 있을 것이다. 이럴 때 유용한 마찰 전기 시리즈를 찾아보면 폴리에스테르와 비닐은 이 목록의 매우 아래쪽에 있다. 음전하를 띠기 쉽다는 뜻이다. 하지만 여러분의 편안한 옷은 목록의 상단에 있다. 전자를 내주고 양전하를 띠기 쉬운 성질이기 때문이다. 차에서 내리기 위해 몸을 돌리고 다리를 흔들고 엉덩이를 좌석에 문지를 때 여러분이 입은 코튼 데님 진이 폴리에스테르 소재의 좌석과 마찰된다. 이러한 행동만으로도 여러분에게서 자동차에게로 대량의 전자가 이동한다. 여러분의 손이 자동차와 접촉한 부분은 비전도성의 플라스틱 문손잡이뿐이기 때문에 좌석에서 엉덩이를 떼어 차에서 내릴 때도 전하가 그대로 남아 있게 된다. 여러분이 차에서 나와 땅에 발을 딛고 설 때도 아마 절연성인 고무 밑창을 깐 구두를 신고 있을 테니 몸에 쌓인 양전하는 그대로 남아 있을 것이다. 그러다 자동차 문의 금속에 손을 갖다 대는 순간 여러분 몸의 양전하를 중성화시키기 위해 자동차의 전자들이 튀어나온다. 이렇게 해서 튀는 불꽃의 크기는 길이가 1센티미터나 되고 건조한 날이라면 전압은 3만 볼트까지 올라간다. 안타깝게도 여러분의 손끝은 신경세포 말단으로 가득 차 있기 때문에 불꽃이 이것을 자극해 짧고도 강한 고통을 느끼게 되는 것이다.

작고 일시적인 고통 정도로 그칠 수도 있지만 자동차에 연료를 넣을 때 이런 현상이 발생한다면 훨씬 더 심각한 결과를 일으킬 수 있다. 비어 있는 연료 탱크는 연료 증기로 가득 차 있고, 이 증기는 연료를 다시 채울 때 빠져나간다. 미국과 같은 일부 국가에서는 연료를 주입하기 시작한 후 펌프의 손잡이를 고정시켜놓으면 그냥 놓아두어도 연료가 자동으로 들어간다. 안타깝게도 이럴 때 사람들은 따뜻한 차 안에 앉아서 기다리려고 한다. 그런 다음 일어날 때 옷을 좌석에 문질러서 몸에 전하를 축적한 뒤 나와서 다시 급유 펌프의 손잡이에 손을 대면 불꽃이 튀어 오른다. 그러면 탱크에서 빠져나와 있던 연료 증기에 순식간에 엄청난 규모로 불이 붙는다.

차에서 내릴 때 정전기 불꽃이 생기지 않도록 하는 방법이 몇 가지 있다. 첫 번째는 내릴 때 차 표면의 금속에 손을 대는 것이다. 차체 측면이나 도어 프레임 위쪽에 붙은 금속을 만지는 것이 가장 쉬운 방법이다. 어쩌다가 불가피하게 이렇게 하는 것을 잊어버린다면, 게다가 하필 날은 심하게 건조하고 그날따라 면 소재의 옷을 입고 있다면 차에서 정말 강한 불꽃이 튀어 오르는 것을 볼 수 있을 것이다. 내가 권하는 두 번째 방법은 조금 비실용적이고 불편할 수도 있지만 그 효과만큼은 보장한다. 바로 폴리에스테르와 비닐 소재의 옷만 입는 것이다.

온실을 따뜻하게

우리는 모두 타는 듯이 뜨거운 일광욕실이나 무더운 여름날 환기가 잘 안 되어 푹푹 찌는 사무실 건물 안을 경험해본 적이 있다. 그보다는 자주 갈 일이 없지만 그래도 누구나 가본 적이 있을 온실 안에서는 말 그대로 온실효과가 일어난다. 그런데 그게 무엇인지는 확실하지 않다. 열이 온실 안에 들어올 수 있다면 나갈 수도 있지 않을까? 그런데 그렇게 되지 않는다. 열은 서서히 축적되고 온도는 계속 치솟는다.

이 현상의 중심에는 흑체복사black body radiation라는 복잡하지만 흥미로운 과학이 숨어 있다. 이 복잡한 현상의 핵심에는 온도에 따라 물체가 방출하는 빛의 파장 또는 전자기 복사가 있다. 태양 표면의 평균 온도는 섭씨 약 5,500도다. 그에 따라 300~700나노미터 사이의 파장을 지니는 강력한 전자기 복사를 방출한다. 이 파장은 인접한 파동의 제일 높은 부분들 사이의 거리로, 이해하기 어렵다면 1밀리미터 안에 이 파장 2,000개가 들어간다고 생각하면 된다. 이 파장의 범위 안에 가시광선이 포함되는데 이것은 우연이 아니다. 인간의 눈은 빛의 스펙트럼 중 지구 표면에서 가장 강한 빛을 이용하도록 진화해왔다. 물론 적외선과 자외선도 존재하지만 이 중 대부분은 대기에 의해 흡수되거나 반사된다. 자외선의 경우는 우리 몸에 닿아 피부를 그을리기도 하지만 말이다(나는 종종 화상을 입곤 한다).

이 빛이 온실 창문에 닿으면 가시광선은 통과하고, 남은 적외선이나 자외선은 유리에 흡수된다(물체가 투명한 이유에 관해서는 118쪽 참조). 통과한 가시광선은 고리버들 가구와 화분 등 일광욕실 또는 온실 내의 모든 물체에 부딪친다. 이 물체들은 빛을 100퍼센트 반사시키지 않기 때문에 그중 일부를 흡수한다. 그리고 태양에서 온 가시광선을 흡수하면서 그 빛의 에너지를 열로 바꾼다.

이제 흑체복사 이야기를 할 때다. 온실 또는 일광욕실 안의 모든 물체는 전자기 복사를 방출한다. 온도가 약 15도 정도라면 적외선 범위 안에 있는 파장 7천~2만 나노미터 사이의 복사를 방출한다. 그런데 처음에 이 물체들을 따뜻하게 만들었던 빛의 파장은 300~700나노미터였다. 따라서 파장이 약 25배 정도로 변화하는 셈인데 이것이 온실효과를 일으킨다.

흑체복사와 파장의 변화가 온실을 데운다.

　우리 주변의 공기는 적외선 영역의 전자기 복사를 가시광선보다 훨씬 덜 통과시킨다. 그 결과 적외선 복사는 온실 밖으로 재빨리 빠져나가지 않고 공기에 의해 흡수되며, 그러면 공기가 따뜻해진다. 빛의 파장이 바뀜으로써 일광욕실 또는 온실 안에 갇히게 된 것이다. 공기가 가열되면 대류가 시작된다. 따뜻한 공기는 위로 올라가 햇빛에 의해 따뜻해진 물체로부터 멀어지고 더 차가운 공기가 그 자리로 밀려들어온다. 이 공기가 다시 데워지면서 순환은 계속되고, 이렇게 실내 공기 전체가 점점 더 따뜻해진다. 그 결과 탈주 난방 시스템runaway heating system이 만들어진다. 햇빛이 계속 온실에 에너지를 더하면 그 안의 물체들은 계속 따뜻해지면서 공기 중에 열을 전달해 온도가 계속 올라가는 것을 뜻한다.

현재 지구 기후 변화의 주범으로 뉴스에 자주 나오는 온실효과
도 같은 원리로 설명할 수 있다. 이산화탄소 기체가 특히 재방출
된 적외선 복사를 잘 흡수한다는 것은 매우 중요하다. 또한 대기
위에 유리 지붕을 씌워둔 것은 아니지만 지구의 중력 때문에 따뜻
한 공기가 아래쪽에 갇혀 있게 된다. 따라서 산업화 때문에 발생
하는 이산화탄소가 지구의 온도를 계속해서 올리는 원인이 된다.

행성 규모의 온실효과에 대해서는 이산화탄소 배출을 줄이는
것 외에는 아직까지 딱히 해결책이 없다. 하지만 가정의 온실효
과는 과학적으로 해결책을 찾을 수 있다. 블라인드를 쳐서 햇빛이
들어오는 걸 막거나 대류를 이용해 시원한 바람을 만들면 된다.
유리로 된 벽 위쪽에 창문이나 환기구를 설치하여 공기가 바깥에
서 아래쪽으로 들어올 수 있도록 하면 뜨거운 공기는 빠져나가고
차가운 공기는 들어올 것이다. 그래도 온실은 계속 더워지겠지만
탈주 온실효과는 막을 수 있다.

창문에 서린 김 없애기

겨울이 다가오면서 밤 기온이 떨어지면 아침마다 차 앞유리에 서린 김을 닦아내야 하는 나날이 시작된다. 자동차 안에 앉아 히터를 켠 내부가 따뜻해지기를 기다리는 동안 왜 이런 일이 일어나는지를 곰곰이 생각해보라.

김이 서리는 현상을 이해하려면 열에너지에 관해 알아야 한다. 온도가 20도인 물 한 컵을 상상해보라. 이 온도는 물 안에 든 모든 분자의 평균 에너지에 상응한다. 하지만 어떤 분자는 평균보다 더 많거나 적은 에너지를 지니고 있다. 때로는 고에너지 분자가 물 표면으로 올라가고, 밖으로 빠져나가 증발해 수증기 분자가 되기도 한다. 반대로 낮은 에너지를 지닌 공기 중의 수증기 분자가 물과 만났다가 그대로 머무르면서 응결해 액체가 되기도 한다. 물컵 위쪽 기체 안의 물 분자 수는 이 두 과정이 어떻게 균형을 이루느냐에 달려 있다. 평균 온도가 올라가면 더 많은 분자가 탈출하고 온도가 낮아지면 더 많은 분자가 응결한다.

이제 물컵은 내버려두고 자동차 안으로 다시 들어가자. 대신 앞 유리에 김이 서리기 전인 밤으로 시간을 돌려보자. 여러분이 주차를 할 때 차 안은 따뜻하고 창문에는 김이 전혀 서려 있지 않았을 것이다. 차 안에는 언제나 충분한 양의 물이 있다. 신발의 물기, 젖은 개, 혹은 여러분이 내쉰 숨 안에도 물이 있다. 차 안이 따뜻했기 때문에 증발과 응축 사이에서 물이 수증기가 되는 비율이 더 높았다. 여러분이 차에서 내릴 때 차 안은 수증기로 가득했을 것이다. 어쩌면 축축한 개의 냄새도 함께 있었을지도 모른다.

이제 다음 날 아침으로 다시 시간을 돌리자. 밤새 기온이 떨어지면서 차의 바깥쪽부터 차가워지기 시작한다. 차 안에서 제일 먼저 차가워지는 부분은 창문이다. 두께가 가장 얇은 부분이기 때문이다. 창문 옆의 공기가 차가워지기 시작하면 공기 중 수증기의 에너지가 낮아진다. 그러면 수증기 분자들이 응축되면서 작은 물방울들이 맺히게 된다. 유리에 붙은 먼지나 기름기는 이 변화를 더욱 촉진한다. 이제 여러분이 차에 타러 가면 창문 안쪽이 작은 물방울들로 뒤덮여 있을 것이다.

그럼 이런 현상을 막는 것도 가능할까? 열역학 법칙을 바꿀 수는 없지만 몇 가지 도움이 되는 방법은 있다. 일단 차 내부를 건조하게 유지한다. 난방 장치로 공기를 재순환시키기보다는 아마도 습도가 더 낮을 신선한 공기로 환기를 시킨다. 그리고 창문이 깨 끗하게 유지되도록 지저분한 손가락으로 자주 만지지 않는다. 이 렇게 주의하면 창에 김이 서리는 일을 줄일 수 있지만 뿌옇게 된 창문과 어쩔 수 없이 마주할 때가 있을 것이다. 여러분은 그럴 때 김을 제거하는 가장 빠른 방법은 차에 타서 난방을 최대로 트는 것 이라고 생각할지도 모른다. 하지만 자동차의 난방 장치는 엔진이 가열될 때까지는 뜨거운 공기를 내보내지 않는다. 처음에는 차갑 고 습한 공기가 나와 김을 제거하기 위해 애쓸 것이다. 가장 확실 한 방법은 에어컨을 트는 것이다. 차가운 공기를 내보내라는 이야 기가 언뜻 들으면 이해되지 않겠지만 에어컨은 공기를 차갑게 만 드는 동시에 건조시킨다. 이 건조하고 차가운 공기가 수증기로의 증발을 촉진하기 때문에 창문은 서서히 맑아질 것이다.

부메랑이 돌아오게 하는 법

얼마 전 일이다. '세계 최대 크기의 부메랑 던져 받기' 기네스 기록에 도전하는 팀에 참여할 기회가 있었다. 우리 팀이 사용한 부메랑은 길이가 2.94미터에 달하는 괴물이었다. 가벼운 나무로 만들기는 했지만 그렇다고 무게가 적게 나가지는 않아서 던지려면 꽤나 힘을 써야 했다. 그렇게 커다란 물체치고는 무척 약하기까지 해서 잘못 던지면 바닥에 떨어질 때 충격을 받아서 부서질 수도 있었다. 기록에 도전할 경우 부메랑이 20미터 이상 날아가서 던진 사람으로부터 10미터 거리 이내로 돌아와야 한다는 것이 규칙으로 정해져 있었다. 런던 중심부에 있는 유명한 오벌 크리켓 경기장을 도전 장소로 선택했기 때문에 기록을 깰 수 있는 이용 시간이

제한되어 있었다. 손에 땀을 쥐게 하는 경험이었다. 시간이 계속 흐르고 있기도 했고 혹시 공들여 손질한 경기장을 우리가 망칠까 봐 관리인들이 눈에 불을 켜고 지켜보고 있기 때문이기도 했다. 다시 생각해보면 근사한 장소이기는 했지만 현명한 선택은 아니었을지도 모른다.

이러한 어려움이 있었지만 나와 영국 부메랑 협회의 애덤 맥러플린Adam McLaughlin은 세계 기록을 세우는 데 성공했다. 안타깝게도 내가 던져서 얻은 기록은 아니었다. 나는 6.09미터를 던졌지만 부메랑이 가까운 지점까지 돌아오지는 못했다. 기록을 세운 사람은 애덤이었다. 애초에 부메랑을 만든 사람이 애덤이었으니 정당한 결과였다. 이 경험을 통해 나는 던지면 돌아오는 막대의 세계에 눈을 뜨게 되었고 그 후 부메랑이 돌아오게 되는 과학적인 원리가 무엇인지를 탐구했다.

대부분의 부메랑 초보들과 마찬가지로 나 역시 잘못 알고 있던 사실들이 있었다. 첫 번째 사실은 부메랑을 원반처럼 던지면 안 된다는 것이었다. 부메랑은 수직으로 세워 잡은 후에 던져야 한다. 이때 잡는 방향도 중요하다. 부메랑은 비행기 날개처럼 한쪽 면은 평평하고 반대쪽 면은 곡면으로 되어 있다. 각 날개의 한쪽 끝은 두툼하고 반대쪽 끝은 더 얇다는 뜻이다. 부메랑을 수직으로 세워 오른손 엄지와 검지로 쥐는데, 이때 곡면이 던지는 사람 쪽을 향하도록 잡아야 한다. 이것은 부메랑을 다시 돌아오게 하는데 매우 중요한 기술이며, 왼손잡이용 부메랑이 따로 있는 이유이

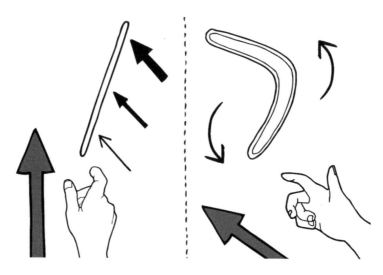

곡면이 당신 쪽을 향하도록 부메랑을 수직으로 세워 쥐고 손목을 휘둘러 던져라.

기도 하다. 이제 손목을 빠르게 꺾어 획 던지면 부메랑이 회전하면서 날아가기 시작한다.

여기서부터는 직관적으로 이해가 잘되지 않는 일이 일어나기 시작한다. 회전하는 물체는 기묘한 특징을 지니기 때문이다. 두 가지 현상이 일어난다. 첫 번째는 자이로스코프에서도 볼 수 있는 현상이다. 혹시 예전에 장난감 자이로스코프를 가지고 놀아본 적이 있다면 무슨 말인지 이해할 수 있을 것이다. 자이로스코프는 금속 와이어 프레임 위에 작은 바퀴를 끼운 형태로 되어 있는데, 실을 이용해 돌리면 손가락 위에서 쓰러지지 않고 돌아간다. 여러분이 자이로스코프를 잘 알고 있었으면 좋겠다. 자이로스코프의 기이한 능력을 본 적이 없는 사람에게는 거의 마술처럼 보이기 때문이다.

회전하는 물체는 모두 자이로스코프처럼 움직인다. 부메랑도 예외는 아니다. 하지만 부메랑은 잠시 잊고 조금 더 일반적인 회전체를 생각해보자. 수평축을 중심으로 수직 방향으로 회전하는 바퀴가 있다고 상상해보자. 자전거 바퀴일 수도 있고 장난감 자이로스코프일 수도 있다. 바퀴가 비스듬히 누워서 돌도록 하기 위해 축을 기울이려고 시도하면 아주 독특한 현상이 일어난다. 바퀴가 그 시도에 저항하는 것이다. 여기에 적용되는 물리학적 원리는 각운동량 보존의 법칙이다. 회전축의 방향을 바꾸려고 할 때는 그것을 막으려는 힘이 존재한다. 더 특이한 것은 여러분이 가하는 힘이 원래 방향과 직각을 이루는 방향으로 빙빙 돌며 작용하게 된다는 것이다. 바퀴의 회전축을 기울이려고 하면 회전축 자체가 바퀴의 회전 방향에 따라 왼쪽 또는 오른쪽으로 빙빙 돌기 시작한다. 이것을 자이로스코프의 세차 운동precession이라고 하며 직접 보지 않고는 이해하기 어려운 현상이다.

이제 부메랑과 비행기를 닮은 날개에 관한 두 번째 기묘한 현상을 설명하겠다. 부메랑은 대개 단순한 구조를 위해 두 개의 날개로 이루어지지만 사실 다양한 모양으로 만들 수 있다. 날개가 세 개 달린 Y자형과 날개가 네 개 달린 X자형은 특히 효율적이며, 일반적인 부메랑보다 던지기도 쉽다. 공중에서 회전할 때 부메랑의 날개는 마치 비행기의 날개처럼 양력을 발생시킨다. 하지만 부메랑은 수직으로 회전하기 때문에 날개에 의해 만들어지는 양력은 부메랑을 위쪽이 아니라 옆쪽으로 민다. 오른손잡이용 부메랑을 사용한다면 회전하는 날개가 부메랑을 왼쪽으로 밀 것이다. 날개가 빨리 움직일수록 부메랑을 옆으로 미는 힘은 더 강해진다.

부메랑은 그냥 회전만 하는 것이 아니다. 공기를 뚫고 앞으로 나아가기도 한다. 따라서 돌아가는 날개의 속도뿐만 아니라 부메랑이 앞으로 날아가는 속도도 고려해야 한다. 날개가 부메랑 위쪽에 있을 때는 부메랑 전체가 나아가는 방향과 같은 방향으로 회전하므로 두 속도가 더해진다. 반대로 날개가 부메랑 아래쪽에 있을 때는 회전하는 방향이 진행 방향과 반대이므로 날개의 속도를 빼야 한다. 즉, 부메랑의 날개가 아래쪽보다 위쪽에서 더 빨리 움직이며, 날개의 회전으로 발생하는 미는 힘이 아래쪽보다 위쪽에서 더 크다는 뜻이다. 따라서 부메랑만 옆으로 밀리는 것이 아니라 부메랑의 회전축도 아래로 꺾인다.

이제 회전하는 부메랑은 기울어진 자이로스코프처럼 세차 운동을 시작한다. 수직으로 회전하는 부메랑이 옆으로 크게 원을 그리면서 밀려나가고, 제대로 던지기만 했다면 던진 사람에게 다시 돌아올 것이다.

부메랑이 다시 돌아오게 하는 것은 만화에서 보는 것보다 훨씬 더 어렵다. 부메랑이 돌아오는 원리를 안다고 해서 큰 도움이 되지는 않을 것이다. 바람의 방향을 고려해야 하고, 날개가 충분한 양력을 발생시킬 수 있는 형태여야 하며, 손목을 꺾어 던지는 기술도 습득해야 한다. 이 모든 문제를 해결하면 단지 구부러진 막대에 지나지 않던 부메랑이 몇 번이고 여러분에게 다시 돌아오게 될 것이다. 회전하는 물체의 독특한 성질과 자이로스코프 세차 운동 덕분이다. 하지만 지름 2.94미터짜리 괴물 부메랑을 사용하는 것은 추천하지 않는다. 조금 더 적당한 크기로 먼저 연습하자.

여섯 번째 문

———

정원의 과학

사과를 아삭거리게 하는 접착제

나는 사과를 많이 먹는다. 제일 좋아하는 과일이고 제일 많이 먹기도 한다. 다양한 종류를 먹어보는 것도 좋아한다. 가을과 겨울의 몇 달 동안은 다양한 품종의 사과를 구할 수 있어서 즐겁다. 올해 나의 레이더에 걸려든 것은 에블리나Evelina 사과였다. 몇 년 전에 처음 도입된 품종인데 빨간색과 노란색의 큼직한 열매가 생산된다. 나의 사과 취향에서 매우 중요한 것은 사과의 과육이 아삭아삭하고 즙이 많고 달콤해야 한다는 것이다.

매우 중요하다고 말한 이유는 퍼석퍼석하거나 부드러운 과육은 못 견디기 때문이다. 그런 사과를 먹을 때의 기분은 말로 표현하기 어렵지만 여러분도 무슨 이야기인지 알 거라고 믿는다. 퍼석퍼석한 사과의 바깥쪽은 단단하고 빨개서 먹음직스럽게 보여도 입안에 넣으면 마른 죽처럼 변한다. 여러분이 이런 사과를 좋아한다면 진심으로 사과드린다. 하지만 아무래도 그런 취향은 잘못되었다. 나의 말에 화가 나서 이 책을 덮고 뛰어나가지 않았다면 왜 사과가 이렇게 서로 다른 질감을 갖게 되는지를 자세히 알아보자.

사과의 과육은 최대 지름이 0.25밀리미터 정도인 식물세포 수백만 개로 이루어져 있다. 이 세포들은 사과를 씹을 때의 질감과 관련이 있는 몇 가지 중요한 특징들을 지닌다. 거의 모든 식물 세포 내에는 액포vacuole라고 하는 액체가 든 커다란 주머니가 들어 있다. 사과 세포의 대부분은 이 액포가 차지하고 있고, 그 안에 든 액체는 당으로 가득 차 있다. 과육의 세포가 부서져 열리면 이 액체가 튀어나와 입안에서 달콤한 맛을 낸다.

하지만 사과의 과육이 부서지는 방법은 여러 가지가 있다. 모든 식물세포는 셀룰로오스와 리그닌lignin 같은 화학물질로 구성된 세포벽에 둘러싸여 있다. 이 세포벽은 각 세포의 구조를 튼튼하게 유지해준다. 사과의 아삭아삭한 맛에 중요한 요소는 각각의 세포들이 서로 결합되는 방식이다. 여러 화학물질이 세포들을 이어주는 접착제 역할을 하는데 그중에서 가장 중요한 물질은 펙틴pectin이다. 그렇다, 잼을 만들 때 사용하는 바로 그것이다. 펙틴은 서로 연결되어 긴 사슬을 이루고 있는 당 분자들이 복잡하게 배열된 형태를 지니고 있다. 이 사슬들이 서로 달라붙으면 젤리 형태가 되는데 이것이 세포들을 결합시켜주는 접착제 역할을 한다.

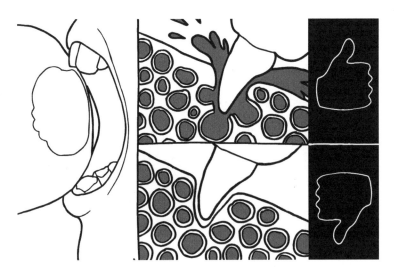

아삭아삭한 사과를 깨물 때(위쪽)와 퍼석퍼석한 사과를 깨물 때(아래쪽).

펙틴 접착제가 얼마나 강하고 얼마나 많이 있는지에 따라서 사과의 아삭아삭함이 결정된다. 세포가 강하게 결합된 사과는 아삭아삭한 질감을 낸다. 그래서 사과를 먹을 때 조금 더 세게 깨물어야 세포가 열려 즙이 나온다. 반대로 접착제가 약하면 사과를 깨물었을 때 세포가 부서져 열리는 게 아니라 서로 떨어져나간다. 그러면 으깨져서 열린 세포와 과즙 대신 아직 부서지지 않은 세포 덩어리들로 입안이 가득 차게 된다. 펙틴이 약하면 사과는 퍼석퍼석해진다.

그렇다면 사과가 퍼석퍼석할지 아삭아삭하고 즙이 많을지는 무엇이 결정하는가? 이것은 결국 품종의 문제다. 모든 사과는 원래 나무 위에 매달려 있던 단단하고 신 열매였다. 이 열매가 익으면 당분이 과일 속으로 이동하면서 신맛이 단맛으로 바뀐다. 동시에 사과의 세포 안에서 생성된 단백질이나 효소가 세포벽으로 이동한다. 여기에서 효소는 세포벽을 이어주던 펙틴을 변화시켜 세포 사이의 결합력을 약화시킨다.

서로 다른 품종의 사과는 이 과정을 겪는 정도가 서로 다르다. 갈라Gala 사과의 경우는 맛이 굉장히 달콤해지고 세포 사이의 강한 펙틴 결합은 그대로 유지되어 깨물면 아삭아삭하고 즙이 많은 사과가 된다. 내가 아주 좋아하는 사과다. 매킨토시McIntosh 사과의 경우는 그렇게 당도가 높아지지는 않지만 효소가 세포 사이의 펙틴 결합을 끊어놓는다. 좋아하는 사람들은 이 사과가 부드럽고 풍미가 있다고 표현할지도 모르지만 나의 생각은 다르다. 사과라면 역시 아삭아삭한 맛이 있어야 한다.

퇴비 만들기

여러분의 집에 퇴비 더미가 있는가? 혹은 퇴비를 보관하는 통이나 값비싼 퇴비화 장비라도 있는가? 나는 다양한 종류의 퇴비 관련 장비를 사용해보았지만 매번 마른 나뭇가지 덩어리나 끈적끈적한 찌꺼기 더미만 만들어졌다. 그리고 수년간의 시행착오 끝에 커다란 검은색 플라스틱 용기에 정착하게 되었다. 그 안에서 너무 자세히 들여다보지만 않는다면 대충 퇴비라고 볼 수 있는 무언가를 만들어낼 수 있다. 아무리 열심히 노력해도 원예용품점에서 구매하는 것과 비슷한 결과물은 나오지 않는다. 하지만 인터넷이나 원예 프로그램, 원예 잡지 등에서는 퇴비를 만드는 것이 아주 쉽고, 누구나 해야 하는 일이라고 거듭 강조한다. 전자는 명백히 거짓말이지만 후자는 분명한 사실이다.

보수적으로 추정해보아도 영국의 평균적인 가정은 바나나 껍질, 채소 껍질, 사과 속 등 퇴비화가 가능한 쓰레기를 매주 2킬로그램씩 배출한다. 계산해보면 매년 500만 톤이 넘게 나온다는 뜻이다. 물론 버려지는 음식(매년 800만 톤)과 정원에서 나오는 쓰레기(매년 400만 톤)는 포함하지 않은 것이다. 그렇다면 전부 합쳐 매년 1,700만 톤을, 괜찮은 퇴비화 시스템만 있다면 직접 재활용할 수 있는 것이다.

퇴비의 효과는 특정한 세균, 그리고 그보다는 적지만 채소를 분해하는 균류 덕분이다. 좋은 퇴비를 만들려면 세균들이 행복하게 살 수 있는 환경을 조성해야 한다. 신경 써야 할 조건들이 여러 가지가 있는데 이것을 잘 맞추면 짙은 갈색에, 잘 부스러지고, 구수한 냄새가 나는 퇴비가 만들어진다.

제일 먼저 고려해야 할 점은 퇴비 속 질소와 탄소의 비율이 1:30이어야 한다는 점이다. 원예 서적에서는 나뭇잎과 같은 녹색 물질이 1, 줄기와 같은 조금 더 질긴 식물성 물질이 30이어야 한다고 설명한다. 질소, 즉 잎과 같은 물질이 너무 많이 들어가면 그냥 끈적거리고 불쾌한 찌꺼기 덩어리가 된다. 반면 탄소가 너무 많이 들어가면 그냥 마른 나뭇가지 덩어리가 된다. 안타깝게도 집에 최신 장비를 갖춘 실험실이 없는 한 이 비율을 정확히 측정하는 것은 불가능하다. 대신 과학에 대한 이해를 기초로 경험과 추측을 통해 조절해야 한다. 예를 들어 깎아낸 잔디는 순전히 녹색 잎으로만 이루어져 있으므로 이것만 넣으면 질소가 너무 많아서 좋은 퇴비가 되지 못한다. 반면 가을에 떨어지는 낙엽은 녹색 잎의 말라버린 껍질에 불과하므로 질소가 매우 부족하다. 퇴비에 무언가를 넣을 때는 항상 질소와 탄소의 비율을 고려해야 한다. 풀 무더기나 채소 껍질을 잔뜩 넣으려 한다면 찢어진 종이, 톱밥 등의 형태로 탄소를 추가해야 한다. 반대로 잘라낸 나뭇가지들을 넣는다면 탄소가 너무 풍부해지므로 녹색 잎을 조금 더 넣어야 한다.

탄소와 질소의 비율을 제대로 맞추었다면 다음으로 주의해야 할 것은 퇴비 더미가 너무 축축하거나 너무 건조하지 않도록 유지하는 일이다. 영국에서라면 너무 건조해지는 문제는 좀처럼 없지만, 겨울에는 물을 잔뜩 머금지 않도록 퇴비 위를 덮어둘 필요가 있을지도 모른다. 세균이 산소와 접촉할 수 있도록 퇴비에 공기가 잘 통하게 하는 것도 중요하다. 퇴비 더미가 너무 젖어 있거나 빽빽하게 들어차 있으면 산소가 부족해서 세균도 살지 못한다. 전통적인 해결책은 열심히 퇴비를 뒤적거려주는 것이었지만 최근 연구결과에 따르면 구겨진 판지, 휴지심 등 퇴비화가 가능한 재료들을 넣어 공기가 들어갈 공간을 만들어주면 된다고 한다.

종종 간과되곤 하는 또 다른 요소도 있다. 퇴비 더미에서 사는 세균은 살짝 알칼리성을 띠는 환경을 선호하며 산성의 퇴비는 좋아하지 않는다는 것이다. 이 역시 과학적으로 검사해보지 않는 한 확인하기가 어렵다. 하지만 아무리 애를 써도 퇴비가 효과가 없다면 석회석 가루나 나무를 태우고 남은 재를 넣는 것을 시도해볼 가치가 있다. 이 두 가지 모두 산을 중성화시켜 퇴비가 살짝 알칼리성을 띠게 함으로써 세균이 마법을 부리기에 좋은 환경을 만들어준다.

마지막으로 필요한 것은 열이다. 세균이 일을 시작하면 열이 발생하는데, 이론상으로는 퇴비의 온도가 70도까지 올라갈 수 있다. 이런 높은 온도는 세균의 성장을 돕고 잡초의 씨앗 등 퇴비 속에 들어 있는 다른 유기체들을 죽인다. 그런데 가정에서는 이 정도로 온도를 높이기가 매우 어렵다. 그러려면 대개 산처럼 거대한 퇴비 더미를 쌓아 그 안쪽이 단열되도록 해야 한다. 그 정도의 퇴비가 없다면 정원에서 햇빛이 가장 잘 드는 곳에 퇴비 더미를 놓아두는 것을 추천한다. 이 조언은 특별히 도움이 되지 않을지도 모른다. 대개 퇴비 더미는 아무것도 자라지 않고 아무도 가고 싶어 하지 않는 헛간의 가장 깊숙한 곳에 보관되기 때문이다. 햇빛이 드는 곳에 놓아두기가 어렵다면 낡은 카펫이나 짚단 같은 것을 덮어 단열 처리를 해주는 방법도 있다.

정리하자면 완벽한 퇴비를 만들기 위해서는 탄소와 질소의 비율을 적당히 맞추고, 공기가 잘 통하도록 하며, 너무 축축하거나 너무 건조하거나 혹은 너무 산성을 띠지 않도록 조절하면서 거대한 퇴비 더미를 쌓아야 한다. 이 모든 게 매우 번거롭게 느껴지겠지만 퇴비화의 커다란 장점을 생각하면 그렇지만도 않다. 퇴비를 직접 만들면 단지 원예용품점에서 집까지 무거운 자루를 날라야 하는 번거로움에서 해방되는 것 외에도 생태계에 광범위하게 이로운 영향을 미칠 수 있다. 일단 쓰레기 매립량을 줄이는 데 크게 공헌할 수 있다. 쓰레기의 양만 줄이는 것이 아니라 쓰레기에서 방출되는 메탄가스도 줄이는 효과가 있다. 물론 여러분의 정원에도 도움이 된다. 영양분을 재활용함으로써 흙을 더욱 비옥하게 만들고 지구의 작은 일부분에 생물학적 다양성을 높일 수도 있다.

내가 직접 고생해가며 경험한 바에 따르면 퇴비를 완벽하게 만들기는 매우 어렵다. 하지만 벌레와 식물 들은 퇴비가 좀 부실해도 신경 쓰지 않고 제 할 일을 해낼 것이다.

빛의 유혹

나방을 비롯해 밤에 활동하는 다양한 곤충들이 불빛을 향해 날아 든다는 것은 누구나 아는 사실이다. 여름에 실내의 불을 켠 채로 창문을 열어두면 어느새 여러 마리의 날아다니는 곤충들이 들어와 전등에 부딪치거나 그 주위를 빙빙 돌고 있게 마련이다. 하지만 잠깐만 생각해보면 그게 얼마나 기이한 행동인지를 깨닫게 된다. 광원 주위에 모여드는 곤충들은 모두 어둠 속에서 활동하는 야행 성 생물들이다. 이들은 날이 밝으면 자신들을 점심식사거리로 삼 으려는 포식자들을 피해 어두운 구석이나 나뭇잎 아래로 숨어든 다. 그런데 왜 전구만 보면 무조건 날아드는 것일까? 이들에게 빛 은 먹이와도 관련이 없고, 날쌘 포식자들에게 잡아먹힐 위험에 빠뜨릴 수도 있는 존재인데 말이다.

가장 흔하게 제시되는 이유는 나방들이 달에 의지해 길을 찾는 습성 때문이라는 것이다. 나방은 어둠 속에서 길을 찾기 위해 달을 보면서 자신이 가는 방향과 달 사이의 각도를 일정하게 유지하며 날아간다. 달은 워낙 멀리 떨어져 있어서 그 각도가 변하지 않으므로 유용한 표지물이 된다. 나방이 전구와 달을 혼동하는 것은 충분히 있을 수 있는 일이다. 전구 옆을 지나쳐가던 나방은 이제 달 대신 그 인공조명을 의지해 똑바로 앞으로 나아가려고 한다. 그런데 안타깝게도 나방이 전구에 가까워질수록 전구와 나방 사이의 각도는 변화한다. 그러면 나방은 경로를 수정하여 전구 쪽으로 더 가까이 접근한다. 그리고 이런 식으로 전구 주위를 돌면서 점점 더 가까이 다가가다가 그만 탁! 부딪치고 마는 것이다. 나방이 달에 의지해 길을 찾는 습성은 아주 멀리 떨어진 광원에 적응하며 진화해왔다. 가까운 거리에 있는 인간의 조명은 여기에 맞지 않는다.

그런데 유감스럽게도 이 이론에는 문제점이 몇 가지 있다. 첫 번째, 대부분의 나방은 일직선으로 장거리를 비행하지 않는다. 대개 나무가 우거진 숲속에 살면서 달은 보지도 않고 짧은 거리를 빠르게 날아다니는 게 전부다. 그런데 이런 나방들도 불빛에 이끌리는 건 마찬가지다. 또한 나방 연구자들이 인공조명 주변에서 나방들이 보이는 행동을 자세히 관찰한 결과 나방들은 달을 이용한 길찾기 이론에서 예측한 것처럼 주위를 빙빙 돌지 않고 곧장 불빛을 향해 뛰어들었다.

1970년대에 미국 농무부의 한 곤충학자는 조금 독특한 의견을 내놓았다. 암컷 나방들은 수컷을 유혹하는 강력한 페로몬을 분비하는데, 이 페로몬이 약한 빛을 낸다는 사실이 밝혀졌다. 페로몬이 방출하는 빛은 촛불에서 나오는 빛의 일부와 같은 적외선 영역에 속한다. 이런 사실을 근거로 수컷 나방들이 불빛에 이끌리는 이유는 암컷과 교미할 가능성 때문이라는 주장이 제기되었다. 하지만 이번에도 현장에서의 관찰 결과가 이 주장을 무색하게 만든다. 야생에서 나방들을 가장 많이 끌어들이는 장비는 적외선 조명이 아니라 자외선 조명이기 때문이다.

관찰에 기초한 이론도 있다. 밤에 수풀 속에서 나방들 사이를 손으로 휘저으면 나방들은 도망치려고 하늘로 날아오른다. 나방들이 아래쪽에 있는 식물의 그늘 속으로 도망치는 일은 없다. 즉, 나방들은 도망칠 때 어두운 그늘 속으로 숨기보다는 더 밝은 위쪽으로 날아가는 습성을 지니고 있는 듯하다. 따라서 밤에 날아다니는 나방들도 위험을 느끼면 도망치기 위해 불빛 쪽으로 날아드는 것인지도 모른다. 만약 이것이 사실이라면 우리가 흔히 보는 불빛 주변의 나방들은 전부 어떤 식으로든 밤의 평범한 일상을 방해받은 상태일 것이다.

정확한 답은 여전히 알지 못하지만 아마도 여러 이유가 복합되어 있을 것이다. 나방이 불빛에 이끌려온 뒤 계속 주위를 맴도는 이유에 대한 그럴듯한 이론도 있다. 나방의 눈은 어둠 속을 보는 것에 익숙해져 있어서, 밝은 곳에 가면 빛에 압도되어 적응하느라 애를 먹게 된다. 빛에 의해 눈이 멀어버리는 셈이다. 따라서 쉽게 날아가버리지 못하는 것은 앞이 보이지 않기 때문일지도 모른다. 물론 조명에 머리를 부딪친 뒤 잠깐 쉬기 위해 어쩔 수 없이 빙빙 돌고 있는 것일 수도 있다.

나무 그늘은 왜 시원할까

햇볕이 뜨거운 더운 날에 나무 그늘 속으로 들어가면 시원해진다는 것은 누구나 알고 있다.

하지만 관찰력이 뛰어난 사람이라면 모든 그늘이 똑같이 시원하지는 않다는 것을 눈치 챘을 것이다. 건물 그늘이나 천막 아래도 햇빛 속보다 온도는 낮지만 그래도 나무 그늘만큼 시원하지는 않다. 북아메리카의 도시들에서 조사한 결과 나무 그늘의 온도는 도심 속 건물 그늘의 온도보다 최대 3도나 더 낮았다. 얼핏 잘 이해가 되지 않는 결과다. 나무 그늘은 대개 완전한 그늘이 아니라 빛으로 얼룩덜룩하기 때문이다. 마치 나무들이 적극적으로 주변 환경을 시원하게 만드는 것처럼 보인다.

대부분의 나뭇잎이 녹색이라고 말해도 놀랄 일은 아닐 것이다. 하지만 이것이 의미하는 바는 놀라울 수도 있다. 나뭇잎들이 녹색으로 보이는 것은 녹색 빛의 대부분을 반사하기 때문이다. 그리고 나무 그늘로 들어가 위쪽을 올려다보면 그 안으로 들어오는 빛도 역시 녹색이다. 오직 녹색 빛만이 나뭇잎들을 통과해 들어오고 있는 것이다. 빨간색, 주황색, 노란색, 파란색 빛은 어떻게 된 것일까? 식물의 잎은 이러한 색의 빛을 흡수하지만 열에너지로 바꾸지는 않는다. 대신 이 빛을 이용해 광합성을 한다. 광합성은 공기 중의 이산화탄소, 땅에서 흡수한 물, 그리고 태양에너지를 이용해 당을 만드는 생화학적 반응이다. 태양의 빛 에너지는 화학 에너지로 변환되어 나중을 위해 식물 안에 저장된다.

이제 이것을 녹색 캔버스 천막 아래 앉아 있는 것과 비교해보자. 천막 또한 나뭇잎과 마찬가지로 녹색 빛을 대부분 반사시키고 다른 색의 빛들을 흡수한다. 하지만 여기에서는 흡수된 빛의 에너지가 열에너지로 바뀌어 그중 절반은 다시 하늘 위로, 나머지 절반은 여러분이 앉아 있는 천막 아래쪽으로 방출된다. 천막도 같은 녹색이지만 적극적으로 에너지를 저장하지 않기 때문에 그 아래가 더 더운 것이다.

녹색 식물의 냉각 효과에 대한 또 다른 이론도 있다. 햇빛을 이용해 광합성을 하는 과정에는 기본적으로 물이 필요하다. 물을 얻기 위해 식물은 뿌리에서부터 잎의 끝부분까지 물을 끌어올리는 몇 가지 방법을 가지고 있다. 이 중 하나가 증산작용transpiration이

나뭇잎이 흡수한 빨간색과 파란색 빛은 열로 바뀌지 않고 광합성에 이용된다.

다. 증산작용은 잎에서 물을 증발시킴으로써 뿌리에서 더 많은 물을 끌어올릴 수 있게 도와주는 작용을 말한다. 이 물의 일부는 광합성에 이용되고 일부는 더 많은 증산작용을 일으키는 데 쓰인다. 잎에서 물이 증발할 때는 주변의 열에너지를 흡수하기 때문에 잎이 차가워진다. 이것을 증발냉각이라고 한다. 이것은 냉장고의 작동 원리이기도 하다(66쪽 참조). 이런 현상이 커다란 나무 전체에서 일어나면 나뭇잎들 주변의 차갑고 무거운 공기가 아래로 내려와 나무 아래쪽을 시원하게 만드는 것이다.

정리하자면 빛을 이용한 광합성과 물을 증발시키는 증산작용이 앉아서 쉴 수 있는 시원한 그늘을 만든다. 이것은 단지 햇빛이 들지 않아서가 아니라 식물이 적극적으로 냉각을 시킨 결과다. 도심의 발달로 열섬 현상이 발생할 때 이 현상을 이용할 수 있다. 어두운 색 건물들과 단단하고 빛을 반사시키는 표면들 때문에 도심의 온도는 교외보다 6도 가량 더 높아진다. 도시 계획가들은 이 현상을 완화시킬 가장 좋은 방법 중 하나는 나무를 심고 잔디를 조성하는 것이라는 사실을 알아냈다. 단지 땅 위에만이 아니라 가능하면 건물 위에까지 말이다. 그렇게 하면 전체적인 온도도 조금씩 내려가고 시민들이 나무 아래 앉아서 점심식사를 즐길 수 있는 시원한 휴식처들도 확보할 수 있다.

거미가 거미줄에
걸릴 수도 있을까

거미는 굉장히 섬뜩하지만 동시에 매혹적이기도 한 동물이다. 나는 거미줄 한가운데 앉아 있는 커다란 왕거미를 보면 자세히 들여다보지 않고는 못 배긴다. 운 나쁜 희생자를 실로 둘둘 말기 위해 서둘러 움직이는 모습을 보면 그 섬뜩한 풍경에 정신을 빼앗기고 만다. 희생자가 거미줄에 꼼짝없이 걸려 있는 동안 거미는 똑같은 끈끈한 실 위를 재빨리 가로질러간다. 거미가 이렇게 할 수 있는 이유가 명확히 밝혀진 것은 최근의 일이다.

거미가 만드는 실은 그 비밀이 밝혀질수록 많은 가능성을 품고 있는 놀라운 물질임을 알 수 있다. 이 실은 강철보다 강하고 방탄복에 쓰이는 합성섬유인 케블라보다 튼튼하다. 거미는 이런 실을 언제든 몇 미터씩 뽑아낼 수 있다. 게다가 거미는 일반적으로 각각 고유의 특성과 쓰임새를 지닌 일곱 가지의 서로 다른 실을 만들어낸다. 다행히도 이 중 두 가지에 대해서만 알면, 거미가 자신의 거미줄에 걸리지 않는 이유를 알 수 있다.

유럽 정원 거미Araneus diadematus가 만드는 거미줄의 바퀴살spoke에는 대병상선사major ampullate silk가 쓰인다. 이것은 거미가 만들 수 있는 가장 튼튼한 실로 우리가 가장 잘 알고 있는 실이기도 하다. 이 실에는 접착 물질이 전혀 없다. 거미줄을 끈끈하게 만드는 역할은 편모상사flagelliform silk가 맡고 있다. 바퀴살 위를 나선형으로 얽는 데 사용되는 이 실은 일정한 간격을 두고 배열된 끈끈한 접착성 방울로 덮여 있다. 물론 접착 물질을 사용하지 않는 거미들도 있다. 이런 거미들은 다른 종류의 실과 정전기력을 이용한다. 도마뱀붙이의 발이 매끄러운 표면에 달라붙는 것과 같은 방식이다. 거미의 생태를 자세히 조사해보면 그들이 만드는 실의 형태가 무수히 다양하며 각각 놀랍도록 다양한 기능을 수행한다는 사실을 알 수 있을 것이다. 다시 정원 왕거미에게로 돌아가보자. 이 거미가 자기 거미줄에 걸리지 않는 주된 방법은 접착성 방울을 밟지 않는 것이다. 대신 튼튼할 뿐만 아니라 접착 물질도 묻어 있지 않은 대병상선사 위만을 조심스럽게 밟고 다닌다. 하지만 벌레가 모르고 거미줄에 부딪힐 때는 이런 선택의 여지 없이 접착 물질과 접촉할 수밖에 없다.

거미는 그밖에도 더 많은 대책들을 숨겨놓고 있다. 거미가 걸

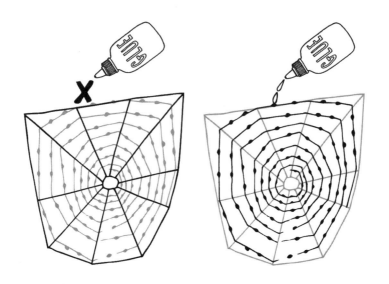

거미줄의 바퀴살은 끈끈하지 않지만 나선형 살은 끈끈하다.

어 다니는 데 주로 사용하는 다리의 끝에는 작은 발톱들이 달려 있다. 이 중 두 개는 나뭇가지와 잎 등을 움켜쥐기 위한 것이고, 세 번째 발톱은 거미줄의 실을 움켜쥐기 위한 것이다. 이 세 번째 발톱 아래에는 탄력 있고 뻣뻣한 털들이 붙어 있다. 거미가 세 번째 발톱으로 실을 움켜잡으면 이 털들이 뒤로 밀려나면서 실에 달라붙는다. 끈끈한 실이든 아니든 간에 거미가 실을 놓을 때는 이 털들이 밀려나면서 어떤 접착 물질도 이겨낼 수 있을 정도의 힘으로 실을 튕겨낸다.

마지막으로 거미는 거미줄을 만들 때 특히 도움이 되는 또 다른 특성을 지니고 있다. 거미가 거미줄을 칠 때는 어쩔 수 없이 끈끈한 실과 접촉하지 않을 수 없다. 이때 대개 뒤쪽에 있는 다리 한 쌍을 사용하는데, 이 다리들의 끝은 짧고 뾰족한 털로 덮여 있다. 일종의 화학물질이 코팅된 흔적도 보인다. 특별하게 코팅된 이 빳빳한 털이 끈끈한 실 위의 접착 물질을 밀어낸다.

다음에 여러분이 거미가 버둥거리는 먹잇감을 잡으려고 거미줄 위를 달려가는 모습을 보게 되면 거미 자신이 거미줄에 걸리지 않는 간단한 방법은 신중하게 접착 물질을 피해 다니는 것이라는 사실을 떠올리길 바란다. 다리가 여덟 개나 되고 제 발이 제대로 보이지도 않는 동물에게는 보기보다 훨씬 어려운 일일 것이다. 하지만 그게 실패해 끈끈한 실을 밟게 된다 해도 거미는 이미 자신이 만든 거미줄로부터 빠져나올 수 있는 특별한 무기들로 무장하고 있다.

불가능한 잔디

여러분의 집에는 잔디밭이 있는가? 혹시 잡초가 무성한가? 이끼와 미나리아재비*와 민들레를 죽이기 위해 시간과 돈을 투자해본 적이 있는가? 첫 번째 질문에 대한 답이 '그렇다'였다면 나머지 두 가지 질문 중 적어도 하나에는 '그렇다'라고 대답했을 것이다.

정원에 잔디밭이 처음 등장한 것은 17세기의 일이다. 영국 귀족들 사이에서 유행하기 시작하면서 복잡한 자갈길의 시대는 가고 바싹 자른 잔디밭의 시대가 왔다. 이 시대의 부자들은 작게 가꾼 잔디밭 위를 걸어 다니며 신선한 바깥 공기를 마셨다. 그러다

---

* 야생에서 흔하게 자라는 여러해살이풀.

18세기 들어 최초의 정원 설계사, '조경사', 그리고 '케이퍼빌리티 브라운Capability Brown' 같은 슈퍼스타들이 등장했다. 브라운은 틀에 박혀 있던 정원의 형태를 거대한 목가적 상상력의 산물로 바꾸어놓았다. 엄청난 부자였던 고객들을 위해 브라운은 자신의 트레이드마크인 넓은 잔디밭 사이로 구불구불하게 뻗은 호수들을 만들었다. 잔디밭에는 사슴과 신중하게 배치한 양들이 풀을 뜯고 있었다. 이런 잔디밭은 부유한 이들의 집에서만 볼 수 있는 것이었다. 낫과 가위로 자르고 유지하는 데 어마어마한 노동력이 필요했기 때문이다. 그러다 1830년, 영국 스트라우드의 에드윈 비어드 버딩Edwin Beard Budding이 잔디 깎는 기계를 발명했다. 얼마 지나지 않아 신흥 중산층들이 이 새로운 발명품을 받아들였고, 곧 잔디밭 만들기 열풍이 시작되었다.

잔디를 관리할 때 알아야 할 중요한 사실이 있다. 잔디를 깎는 일 자체가 잔디의 증식을 촉진한다는 것이다. 나무를 그렇게 반복해서 짧게 쳐낸다면 제대로 살지 못할 것이다. 사실 주기적으로 잘리는 것을 견디어내지 못하는 식물들이 많다. 식물의 성장을 담당하는 부분을 분열조직이라고 하는데 튤립, 베고니아, 카네이션 같은 식물의 분열조직은 자라나는 새싹의 끝부분에 있다. 이런 식물들을 바짝 잘라버리면 분열조직도 잘려나가서 싹을 틔우는 과정 자체를 처음부터 다시 시작해야 한다. 이렇게 재성장을 하려면 상당한 에너지를 소비해야만 한다. 그래서 이런 일이 반복되다 보면 식물은 결국 죽어버리고 만다. 반면 잔디는 분열조직이 맨 아래쪽에 숨겨져 있다. 그렇기 때문에 잎을 계속 잘라도 아랑곳하지 않고 아래쪽에서부터 계속해서 자라난다. 잔디는 초식동물들에게 계속 먹혀도 살아남기 위해서 이런 식으로 진화해왔다. 그러니 주기적으로 잔디를 깎으면 오직 잔디만 살아남을 것이다.

그런데 이 규칙에 중요한 예외가 있다. 땅에 바싹 붙어서 자라고, 잎이 납작하며, 결코 높이 자라는 법이 없는 식물들 역시 살아남을 수 있다. 미나리아재비, 데이지, 민들레, 클로버, 이끼는 잔디밭을 바싹 깎아내도 행복하게 살아가는 식물들이다. 여러분의 잔디밭이 잔디가 아닌 잡초들로 뒤덮이는 이유는 잔디밭에서 번성할 수 있는 식물도 많기 때문이다. 그리고 무엇보다 여러분은 결코 이기지 못할 생물학적 싸움을 하고 있다.

어떤 지역에서 발견되는 식물종의 수와 그 지역 내 생물의 총량, 즉 생물량biomass* 사이에는 밀접한 관계가 있다. 생태학자들은 전 세계를 돌아다니며 1제곱미터 넓이 안에서 발견되는 생물종 수와 같은 구역 내의 생물량을 측정했다. 자연적인 서식지와 인공적으로 관리되는 잔디밭을 비교하는 것은 무리일지 모르지만, 정원 잔디밭의 생물량도 그 안에 있는 생물종 수와 상응하는 것으로 드러났다. 여러분의 잔디밭은 생물학적 다양성을 누리기에 완벽한 장소다. 예를 들어 석회암 지대 위의 잔디밭은 세상에서 가장 다양한 식물이 자라는 땅 중 하나다. 1제곱미터당 평균 40가지의 종

* 근래에는 생물자원이라는 뜻으로 더 많이 사용된다.

이 살고 있다. 여러분의 잔디밭도 자연스럽게 놓아두면 그렇게 다양한 식물의 서식지가 될 것이다.

즉, 잡초 하나 없이 깨끗하게 다듬어진 잔디밭을 갖는 꿈은 생물학적으로 불가능한 것이다. 이 딜레마를 해결할 방법은 두 가지뿐이다. 제초제를 사용하고 끊임없이 잡초들을 솎아내며 깨끗한 잔디를 유지하거나, 혹은 다양성이라는 생물학적 명령을 그냥 받아들이는 것이다. 꼭 잔디가 아니어도 어찌 되었든 푸르른 식물 아닌가. 게다가 오랫동안 놓아두면 노란색, 흰색, 분홍색, 보라색으로 아름답게 변하는 모습도 볼 수 있을 것이다.

가을의 색

가을에만 누릴 수 있는 가장 큰 기쁨 중 하나는 노란색, 황금색, 빨간색 나뭇잎들로 뒤덮인 숲속에서 바닥의 낙엽들을 헤치며 걸어가는 일이다. 낙엽은 우리 모두에게 너무나 익숙한 것이지만 그것이 생기는 원인은 명확하지 않다.

나뭇잎이 떨어지는 것은 죽어가고 있기 때문이 아니다. 그보다는 나무가 노화senescence라는 영리한 재활용 과정을 시작하는 것이다. 예를 들어 떡갈나무가 우거진 잎들을 계속 유지한다면 혹독한 겨울에 살아가기가 매우 힘들 것이다. 강한 겨울바람에 손상될수도 있고, 언 땅에서 끌어올릴 수 있는 것보다 더 많은 수분을 잃게 될 위험이 높다. 나뭇잎들을 버리지 않으면 수분 부족으로 죽고 말 것이다. 겨울이 다가오고 낮의 길이가 짧아져서 기온이 내려가면 나무를 포함한 식물들은 이 변화를 감지한다. 그리고 이제 잎을 떨어뜨릴 때라는 신호를 보낸다. 하지만 먼저 나무들은 잎의 유용한 양분들을 신중하게 흡수하고 그런 다음 잎과 통하는 경로를 막아버린다. 잎 아래쪽의 경로가 막혀 그 부분이 약해지면 바람이 불 때 쉽게 분리되어 바닥으로 떨어진다.

나무가 잎에서 빼내는 주요한 물질 중 하나는 잎을 푸르게 만드는 엽록소chlorophyll다. 이 안에는 귀중한 마그네슘이 들어 있기 때문에 빼내올 가치가 있다. 엽록소는 모든 식물이 태양에너지를 흡수할 수 있게 해주는 물질이지만 나뭇잎에 들어 있는 유일한 색소는 아니다. 잎에는 카로티노이드carotenoid라는 노란색과 주황색의 색소도 많이 들어 있다. 그렇다, 당근을 주황색으로 만드는 색소가 바로 이것이다. 카로티노이드는 엽록소가 햇빛을 흡수하도록 도와주는 역할을 하지만 보통은 녹색에 가려 보이지 않는다. 여기에는 유용한 미네랄이 들어 있지 않기 때문에 식물이 굳이 잎에서 카로티노이드를 빼낼 이유가 없다. 따라서 잎에서 엽록소가 사라지면 녹색이던 나뭇잎은 천천히 노란색이나 주황색으로 변한다.

가을이 되면 자작나무의 잎은 노란색으로 변하지만 단풍나무의 잎은 빨간색으로 변하는 이유도 이것으로 설명할 수 있다. 빨간색은 안토시아닌anthocyanin이라는 색소로 만들어지는데 이것은 녹색 잎에는 들어 있지 않다. 가을에 잎이 빨갛게 변하는 나무들은 잎에서 엽록소를 빼내는 동시에 안토시아닌을 생성한다. 이것은 이상한 일이다. 빨간색을 만들기 위해서 식물은 어차피 떨어질 나뭇잎에 에너지를 소모해야 하기 때문이다. 그렇다면 나무가 빨간색에서 얻는 이점이 분명히 있을 것이다. 우리를 즐겁게 하려고 하는 일은 아닐 테니 말이다.

가을에 나무가 빨간색 색소를 만드는 현상에 관해 세 가지 이론이 제기되었다. 첫 번째 요인은 안토시아닌의 항산화 효과다. 아이러니한 일이지만 식물이 맞서야 하는 가장 힘든 상대 중 하나는 햇빛이다. 녹색 잎 속의 엽록소는 태양에너지를 흡수하지만 엽록소가 사라지고 나면 그 에너지는 위험 요소가 될 뿐이다. 태양에너지는 분자에서 전자들을 빼내어 활성산소free radical로 변화시킨다. 반응성이 엄청나게 강한 이 분자들을 항산화 물질로 막지 않으면 식물세포 내에 온갖 손상을 야기한다. 우리가 보는 빨간색은 어쩌면 햇빛을 막는 용도일지도 모른다. 잎은 수명이 다할 때까지도 그 쓸모를 발휘하는 것이다.

이 이론으로 모든 것을 설명할 수는 없다. 북아메리카에서는 타오르는 듯한 빨간색 낙엽을 보는 것에 익숙하지만 유럽에서는 주로 주황색과 노란색 낙엽들이 떨어진다. 어쩌면 수액을 빨아먹는 진딧물이 한 가지 원인일 수도 있다. 가을의 과수원들을 조사한 연구 결과에 따르면 잎이 빨간색으로 변하는 나무들은 노란색으로 변하는 나무보다 진딧물에 덜 시달린다고 한다. 빨간색 잎은 고약한 맛이 나는 안토시아닌으로 가득하기 때문에 진딧물이 싫어하는 것일 수도 있다. 이 이론은 마지막 빙하시대에 알프스 북부와 남부에서 발달한 빙상 안에 곤충들이 갇혀 죽었던 역사와도 관련이 있다. 유럽의 나무들은 그 후 많은 겨울을 벌레 없이 지내면서 진화해왔고, 그래서 벌레들을 막기 위해 안토시아닌을 만들 필요성이 없어졌기 때문에 빨간색 잎이 사라지게 되었다는 것이다. 반면 미국은 빙하로부터 공격받은 적이 없기 때문에 빨간색 잎이 남아 있는 것일 수도 있다.

가을에 나뭇잎이 빨갛게 변하는 원인일 가능성이 있는 마지막 현상은 상당히 사악하게 느껴진다. 한 연구에서 식물학자들은 나무가 생성한 뒤 버리는 모든 안토시아닌이 근처 묘목들에게 유해하다는 사실을 발견했다. 단풍나무의 근사한 빨간색은 어쩌면 나무가 경쟁자들을 독살하는 방법일지도 모른다.

현재로서는 낙엽이 지니는 색의 원인을 모두 알아내지는 못했다. 여기에는 여러 이유가 복합적으로 작용하겠지만 그 어떤 것도 우리가 가을의 아름다운 풍경을 즐기는 것을 막지는 못한다.

먼 곳에서 들려오는 천둥소리

내가 가장 좋아하는 과학계의 영웅은 18세기의 물리학자이자 시인이자 자연 철학자이자 박식가였던 에라스무스 다윈Erasmus Darwin이다. 그는 찰스 다윈의 할아버지이기도 하다. 다윈은 영국 버밍엄 북부의 리치필드에서 살았는데, 이곳에 있는 그의 자택이 자유사상과 과학적 탐구의 중심지가 되었다. 다윈이 참여했던 많은 활동 중에 '루나 협회Lunar Society'라는 모임이 있었다. 루나라는 이름이 붙은 이유는 이 모임이 보름달이 뜨는 날 밤에 열렸기 때문이다. 회원들이 탄 마차가 집에 돌아갈 때 어둡지 않도록 하기 위해서였다. 이 모임의 회원 명단은 18세기 과학자 인명사전이나 다름없다. 증기기관으로 유명한 제임스 와트James Watt, 산소와 탄산

음료를 발명한 조지프 프리스틀리Joseph Priestly, 심지어 벤저민 프랭클린도 가끔씩 참석했다. 이 위대한 과학자들이 함께 모여 저녁식사를 하면서 자연철학의 최신 쟁점을 두고 토론하기도 하고 함께 포트와인을 마시기도 했다. 그리고 무엇보다 다양한 실험을 시도했다.

그들이 시도했던 한 가지 실험은 나도 종종 생각해보곤 하는 주제에 관한 것이었다. 왜 천둥은 우르릉 소리를 낼까? 번개가 치고 나면 대개 몇 초 후에 천둥소리가 들려온다. 이때 소리의 특징에만 집중해볼 필요가 있다. 보통 커다랗게 쾅 소리가 나고 그 후 우르릉거리는 소리가 오르락내리락하는 크기로 들려온다. 이 소리는 몇십 초씩 계속되기도 하고 처음의 쾅 소리만큼 클 때도 있다.

18세기에 에라스무스 다윈과 동료 '루나틱lunatick'들은 천둥이 우르릉거리는 소리를 연구해보기로 결정했다. 그들은 이 소리에 앞서 번개가 친다는 것을 알고 있었지만 무엇 때문에 그런 소리가 나는지는 몰랐다. 그래서 그들은 하늘 위에서 인공적으로 쾅 소리가 나도록 만드는 실험을 계획했다. 회원 중 한 명인 버밍엄 출신의 기업가 매튜 볼턴Matthew Boulton이 지름 1.5미터 크기의 거대한 종이풍선을 만들었다. 풍선 안에는 공기보다 가볍고 폭발성이 강한 수소와 산소의 혼합물을 채웠다. 그리고 이 폭탄에 도화선을 부착한 후 불을 붙여 풍선이 밤하늘 속으로 날아가도록 만들었다.

안타깝게도 그들이 부착한 도화선은 생각보다 훨씬 느리게 타들어갔다. 기다리는 동안 회원들은 포트와인 잔을 손에 들고 정신

풍선에 신경을 쓰지 않는 '루나틱'들.

이 딴 데 팔린 채 잡담을 나누기 시작했다. 풍선이 어마어마한 소리와 함께 터졌을 때 그들은 너무 놀라서 우르릉 소리가 나는지를 확인하는 것도 잊어버렸다. 다행히 이 모임에 참석하지 않았던 제임스 와트가 근처에 있는 자신의 집에서 이 소리를 들었다. 그는 첫 폭발음 후에 약 1초 정도 우르릉거리는 소리가 들렸다고 말했다. 루나 협회는 천둥이 우르릉 소리를 내는 것은 번개의 소리가 근처 언덕에 반사되기 때문이라는 결론을 내렸다.

천둥이 우르릉 소리를 내는 것은 근처 건물이나 지형에 반사되기 때문이기도 하지만 이것은 사소한 요인에 불과하다. 루나틱들의 실수는 번개를 재현하지 않은 것이었다.

번개가 칠 때 공기 중에 전기가 흐르면 공기의 온도는 태양 표면보다 뜨거운 2만 도 이상까지 올라간다. 이렇게 과열된 공기는 놀라운 속도로 팽창하여 주변의 차가운 공기와 만나면서 강력한 충격파를 일으킨다. 이 과정이 초음속으로 일어나기 때문에 충격파가 음속 폭음sonic boom을 발생시키는 것이다. 다윈과 친구들이 놓친 중요한 사실은 이 현상이 번개가 치는 동안 일어난다는 것이었다.

하늘에서 수직 방향으로 떨어져 여러분이 서 있는 곳에서 2킬로미터쯤 떨어진 땅 위를 강타하는 번개를 상상해보자. 번개의 평균 길이가 10킬로미터라는 것을 고려할 때 번개의 아래쪽이 2킬로미터 거리에 있다면 위쪽은 10킬로미터 이상 떨어져 있을 것이다. 소리의 속도를 이용해 계산하면 아래쪽에서 발생한 음속 폭음을 여러분이 듣는 데는 2초밖에 걸리지 않는다. 하지만 위쪽의 소리는 멀리에서 들려오기 때문에 30초쯤 걸려야 도착할 것이다. 그 사이의 시간은 번개의 아래쪽과 위쪽 사이의 모든 부분에서 나오는 우르릉 소리들로 채워진다.

사실 번개는 우리가 가정한 것처럼 그렇게 단순하고 깔끔하지 않다. 방향을 바꾸면서 지그재그 패턴으로 발생한다면 번개의 중간 부분이 위쪽보다 더 멀리 있을 수도 있다. 또한 구름들 사이에서 수평 방향으로 이동하면서 땅에는 닿지 않는 번개도 종종 있다. 이런 종류의 번개가 여러분에게서 멀어져간다면 그 시작 부분은 끝부분보다 더 멀리 있을 것이다. 이러한 이유에다 소리의 반사까지 결합되어 천둥의 우르릉거리는 소리를 복잡하게 만든다.

이런 지식들을 염두에 두고 에라스무스 다윈과 루나틱들의 실험을 우리가 다시 재설계해볼 수도 있겠다. 일단 폭발성 기체가 들어 있고 몇 킬로미터씩 날아갈 수 있는 풍선이 여러 개 필요하다. 이렇게 해야 우르릉거리는 소리를 충분히 들을 수 있을 것이다. 비록 이 실험의 위험 평가서를 직접 작성하고 싶은 생각은 없지만 말이다.

나만의 무지개

무지개를 보면 나는 먼저 또 다른 무지개를 찾아본다. 욕심이 많다고 생각할지도 모르겠다. 그러한 자연의 경이는 하나로도 충분하지 않은가? 하지만 하나의 무지개는 이차무지개secondary rainbow, 알렉산더 띠Alexander's band 등 근사한 과학적 현상들을 잔뜩 관찰할 기회일 수도 있다. 운이 정말 좋으면 과잉 무지개supernumerary rainbow를 보게 될 수도 있다.

무지개에 관한 기본적인 지식들을 살펴보자. 무지개를 보려면 햇빛과 소나기, 이 두 가지가 필요하다. 여러분이 햇빛 속에 직접 서 있을 필요는 없지만 여러분의 눈에 보이는 비가 내리는 지역에 햇빛이 비치고 있어야 한다. 그러려면 햇볕이 완만한 각도로 내리

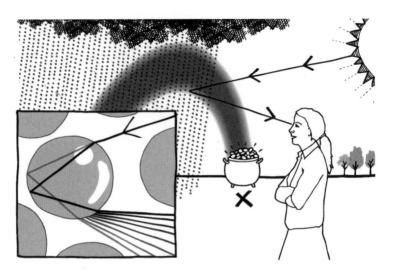

햇빛이 반사되면서 굴절되어 여러분만의 무지개를 만들어낸다.

쬐어야 하므로 무지개는 대개 아침이나 저녁, 그리고 봄이나 겨울에 보게 될 확률이 높다. 여러분이 해를 등지고 바로 앞에 비가 내리는 지역이 있어야 한다.

여러분과 태양, 비의 위치를 이렇게 엄격하게 잡아야 하는 이유는 무지개란 광학적으로 정말 복잡한 현상이기 때문이다. 먼저 적당한 위치의 빗방울에 빛이 닿아 빗방울의 뒤쪽으로 튕겨 들어갔다가 다시 앞쪽으로 나온다. 무지개에 색이 나타나는 이유는 굴절 과정 때문이다. 빛이 공기 중에서 물로 들어갈 때 속도가 약간 느려지기 때문에 빛의 방향이 살짝 바뀐다. 빛이 휘는 정도를 결정하는 것은 파장, 즉 색이다. 빨간색 빛이 제일 적게 굴절되고 보라색 빛이 가장 많이 굴절된다. 빛이 빗방울 안으로 들어와 굴절되어 서로 다른 색으로 나뉘면서 바깥쪽은 빨간색이고 안쪽은 파란색인 무지개가 나타나는 것이다.

내가 무지개와 마주칠 때면 잠시 생각하게 되는 사실이 몇 가지 있다. 먼저 여러분의 눈에 보이는 무지개는 사실 하나하나의 빗방울에서 만들어진 수백만 개의 작은 빛들이 합쳐진 것이다. 말하자면 수많은 화소로 이루어진 이미지와 비슷하다. 하지만 그토록 고해상도인데도 눈으로 구분할 수는 없다.

두 번째, 하늘에 뜬 무지개의 위치는 보는 사람이 서 있는 위치에 달려 있다. 빗방울 뒤쪽에서 반사된 빛이 여러분 눈에 닿으려면 모든 각도가 정확하게 맞아야 한다. 한 발짝만 옆으로 가면 다른 위치의 다른 빗방울에서 반사된 빛이 보일 것이다. 즉, 우리 모두는 각자 하나뿐인 나만의 무지개를 보고 있는 것이다.

여러분에게는 완벽한 무지개가 보이는데 옆에 서 있는 다른 사람에게는 무지개의 일부만 보일 수도 있다. 극단적으로 생각하면 이렇게도 말할 수 있다. 여러분의 왼쪽 눈과 오른쪽 눈이 서로 다른 무지개를 보고 있는 것이다. 잠시 멈추어 서서 이 부분을 곰곰이 생각해보라. 그리고 다음에 무지개를 보게 되면 한쪽 눈을 차례로 감으면서 차이가 느껴지는지를 관찰해보자.

놀랍게도 무지개의 원리는 13세기 말에 거의 대부분 규명되었다. 이란의 학자 카말 알 딘 알 파리스Kamal al-Din al-Faris와 프라이부르크의 테오도릭Theodoric of Freiburg이라고 알려진 독일의 한 도

미니크회 수사는 같은 시기에 각각 독립적으로 이 연구를 수행했다. 두 사람 모두 구형의 유리 플라스크를 사용해 빛이 빗방울로 들어가는 경로를 관찰했다. 아마 자신만의 작은 무지개를 만들어보았을 것이다.

무지개와 함께 언급되는 또 다른 이름이 있다. 우리가 잘 알고 있는 아이작 뉴턴Isaac Newton이다. 1600년대 중반, 우리는 여전히 무지개의 색이 어디서 나오는지는 알지 못하고 있었다. 유리로 된 프리즘이나 물이 들어 있는 구가 있으면 무지개를 만들 수 있다. 백색광이 들어가면 색색의 빛이 나온다. 이 현상을 설명하기 위한 두 가지의 이론이 팽팽하게 대립했다. 프리즘 또는 구가 어떤 식으로든 빛에 색을 입히는 것이라는 이론과 백색광이 여러 색으로 이루어져 있다는 이론이었다. 얼핏 보면 어떤 설명도 그럴듯하지 않았다.

그러다 1666년, 뉴턴이 영국 링컨셔주 울즈소프에 있는 집에서 스스로 '결정적 실험experimentum crucis'이라 부른 실험을 하게 된다. 뉴턴은 햇빛을 프리즘에 비추어 무지개를 만든 다음, 렌즈로 그 무지개의 빛을 다시 모아 또 다른 프리즘에 집중시켰다. 이번에는 프리즘의 반대쪽에서 백색광이 나왔다. 즉, 백색광은 여러 색의 빛이 합쳐진 것이었다.

뉴턴이 이 실험을 울즈소프에서 했다는 사실을 우리가 알 수 있는 것은 뉴턴이 일기에 그 이야기를 기록해놓았기 때문이다. 이런 기록들 중에 뉴턴이 자신의 방 덧문에 난 구멍과 그 구멍을 통해 들어온 빛이 비치는 반대쪽 벽과의 거리를 적어놓은 것이 있다. 내가 울즈소프에 있는 뉴턴의 방에서 그 거리를 재보았더니 딱 맞았다. 당시 나는 내셔널 트러스트의 큐레이터들로부터 그런 시도를 한 사람은 내가 처음이라는 이야기를 들었다. 물론 그 이야기를 믿지는 않지만 어찌 되었든 아이들에게 들려주기에는 좋은 이야깃거리다.

뉴턴은 현재 우리가 알고 있는 무지개의 색깔을 정한 사람이기도 하다. 여러분은 무지개의 남색과 보라색을 구분할 수 있는가? 처음에는 뉴턴도 빨간색, 노란색, 녹색, 파란색, 보라색의 다섯 가지 색만 보았다. 그리고 나중에야 여기에 주황색과 남색을 추가했다. 일곱 가지 색이라는 것은 수비학numerology*을 애호하던 뉴턴의 마음에 들었다. 음계를 이루는 음도 일곱 개, 그리고 그가 알기로는 행성의 수도 일곱 개였다.

나처럼 좋은 건 보고 또 보아도 부족하다고 생각하는 사람이라면 하나의 무지개를 발견했을 때 또 다른 무지개를 찾아볼 것이다. 다음에 여러분이 무지개를 보게 되면 일차무지개primary rainbow 주변을 조금 더 찾아보라. 만약에 운이 좋다면 이차무지개를 볼 수 있을 것이다. 보통 이차무지개는 조금 더 퍼져 있고 굉장히 흐릿하다. 너무 흐려서 보지 못하는 경우가 대부분이지만 존재할 때가 많다. 이차무지개도 일차무지개와 똑같은 과정으로 만들어지

* 숫자와 현상 사이에 숨겨진 연관성을 연구하는 학문.

지만, 이 경우에는 빗방울 안에서 빛의 반사가 두 번 일어나야 한다. 그 결과 색 배열이 뒤바뀌어 안쪽이 빨간색이고 바깥쪽은 보라색인 무지개가 된다.

두 개의 무지개를 보고 싶어 하는 건 욕심일지도 모른다. 그렇지만 두 번째 무지개를 발견할 때의 그 신나는 기분은 정말 좋다. 게다가 여기서 끝이 아니다. 무지개와 관련된, 잘 알려져 있지 않은 또 다른 현상들도 찾아볼 가치가 있다. 첫 번째는 알렉산더의 띠다. 고대 그리스 철학자의 이름을 딴 이 띠는 일차무지개와 이차무지개 사이에 하늘이 눈에 띄게 어둡게 보이는 부분을 의미한다. 이것을 발견했다면 과잉 무지개도 찾아보라. 일차무지개의 안쪽에 나타나는 대개 녹색과 파란색인 작은 줄무늬들을 가리키는 말이다.

이 두 가지 현상 모두, 빗방울이 거의 일정한 크기와 분포도를 지닐 때만 볼 수 있는 빛의 복잡한 굴절과 간섭으로 만들어지는 효과다. 그렇기 때문에 알렉산더의 띠나 과잉 무지개를 보기에 알맞은 환경을 만나는 것은 매우 드문 일이다.

무지개에 관한 이 모든 과학적 지식의 중심에는 내가 보는 무지개가 오직 나만의 것이라는 아주 만족스러운 개념이 있다. 비와 햇빛의 각도가 정확히 맞아떨어져야만 일어나는 일이므로 그에 따른 부차적 효과들 또한 오직 나만의 것이다. 게다가 우리는 언제나 그 무지개의 중심에 서 있다. 무지개의 끝에 도달할 수 있는 방법은 없다. 레프러콘leprechaun*과 관련된 꿈은 버려야겠지만, 그래

도 오직 나만이 볼 수 있는 자연의 경이로운 빛 앞에 감탄하지 않
을 수 없다.

---

* 아일랜드의 전설에 등장하는 작은 요정으로 무지개의 끝에 금이 담긴 항아리를 숨겨놓는다고 전해
  진다.

감사의 말

여러분이 손에 들고 있는 이 책은 여러 소중한 사람들의 노력으로 만들어진 것입니다. 먼저 에이전트인 세라 캐머런, 넓은 인맥을 가진 그녀는 만나는 사람 모두에게 내 이름을 언급했던 모양입니다. 덕분에 이 책을 쓸 기회를 얻을 수 있었으니 무한한 감사의 뜻을 전합니다.

마이클 오마라 북스의 사랑스러운 직원들에게도 감사를 전해야겠네요. 특히 휴 바커와 편집자 개비 네메스 덕분에 책을 쓰는 과정이 조금 더 수월해졌습니다. 두 사람은 유머와 인내심을 가지고 내 어설픈 횡설수설과 이상한 질문들을 들어주었죠. 그런데 난 아직도 야드파운드 단위로 변환하지 않아도 되는 때를 잘 모르겠어요. 마이크로미터 정도면 충분히 작은 단위인가요, 아니면 나노미터까지 내려가야 하나요?

마지막으로 가장 소중한 나의 아내 줄리엣, 언제나처럼 내가 올바른 길을 걷게 해주어서 고마워요. 당신의 편집 능력과 과학에 대한 깊은 이해와 동료애가 없었다면 지금과는 전혀 다른 결과물이 나왔을 겁니다. 또한 인정하기 괴롭지만 당신의 도움이 없었다면 마감일들을 하나도 맞추지 못했겠죠.

옮긴이의 말

영화나 드라마에 자주 등장하는 정신 나간 과학자의 모습, 인터넷에 떠도는 문과와 이과의 차이에 관한 농담 등에는 과학에 푹 빠진 사람들을 보통 사람과는 다른 별종으로 여기는 시선이 반영되어 있다(사실 인터넷에서 검색해보면 알 수 있겠지만 이 책의 저자인 마티 조프슨의 모습도 우리가 흔히 상상하는 괴짜 과학자의 이미지와 크게 다르지 않다. 다행스럽게도 그의 글은 톡톡 튀는 겉모습과 달리 친절하고 성실하지만 말이다). 하지만 이 책이 대상으로 삼는 독자는 그런 이들이 아니다. 저자는 어려운 용어를 최대한 자제하고 위트를 잃지 않으려 애를 쓴다. 그러면서 과학에 그다지 관심이 없던 사람도 쉽게 흥미를 가질 수 있을 만한 일상 속 현상들의 과학적 원리를 하나하나 설명한다.

책의 첫머리에서 저자는 일상에 숨겨진 과학을 이해할 때 우리가 더 정확한 결정을 내릴 수 있다고 말한다. 바꾸어 말하자면 나쁜 선택을 덜하게 된다는 뜻일 것이다. 학교에서 배우는 과학적 지식이 우리 삶에 별 도움이 되지 않는다고 믿는 사람이라도 콘센트에 쇠로 만들어진 젓가락을 꽂으면 안 된다거나 물 묻은 손으로 전기 제품을 만지면 안 된다는 상식이 수많은 이들을 위험에 빠지지 않도록 도와주었다는 사실은 인정할 것이다. 빵을 보관할 때는 냉장실에 넣어야 할까, 아니면 냉동실에 넣어야 할까? 손가락을 자주 꺾으면 관절염에 걸린다는 말은 사실일까, 사실이 아닐까? 이 책은 누구나 한 번쯤은 품어보았을 만한 이런 사소한 궁금증들에 대해 답을 제시하며 우리가 일상생활 속에서 조금 더 합리적으로 선택할 수 있도록 도와준다.

이러한 실질적 용도에 더해 저자가 강조하는 또 한 가지는 과학의 '즐거움'이다. 여기에도 의문을 품는 사람이 많을 것이다. 좋아하는 사람들에게는 더없이 흥미로운 학문이지만 학교 다닐 때 물리, 화학, 생물 같은 과목이 영 지루하기만 했던 사람에게 과학의 즐거움이란 전혀 공감가지 않는 남 이야기로만 들릴 수 있기 때문이다. 하지만 광대한 우주나 인류의 진화 같은 거창한 주제에는 손이 잘 가지 않는 사람이라 해도, 나방이 전구를 향해 날아드는 이유나 거미가 자기가 친 거미줄에 걸리지 않는 이유라면 조금은 궁금할 수도 있다. 알아도 좋고 몰라도 좋을 사실들이니 부담 없이 읽어나가다 보면 과학이 주는 즐거움에 한 걸음 더 가까이 다가갈 수 있을 것이라 생각한다.

이 책은 총 여섯 개의 장으로 나누어 먹거리, 각종 생활용품, 인체와 자연의 과학적 원리들을 설명하고 있다. 그러나 워낙 다양한 분야를 다루고 있는 만큼 꼭 순서대로 읽지 않아도 좋다. 쓱쓱 넘기면서 흥미가 생기는 부분을 먼저 읽어도 상관없고 이해가 잘 안 되는 부분은 그냥 넘어가도 괜찮다. 본문에서 소개하는 현상이나 실험이 머릿속에 잘 그려지지 않는다면 유튜브 등에서 관련 동영상을 찾아 참고하는 것도 좋은 방법이다. 중요한 것은 우리 주변의 현상들을 과학적으로 바라보는 태도를 익히는 것, 이를테면 달걀 요리를 하면서 왜 달걀흰자는 열을 가하면 불투명해질까를 생각해보는 습관을 기르는 것이다. 그러다 보면 사소한 현상들 속에서 뜻밖에도 우리가 사는 세계 전체를 움직이는 거대한 원리를 발견할 수 있을지도 모른다. 싱크대 배수구에서 물이 빙글빙글 돌아가며 빠지는 현상을 연구하다 보면 지구를 둘러싼 대기의 흐름에 관해 배울 수 있다. 목욕을 할 때 손가락이 쭈글쭈글해지는 이유에는 인류의 진화 과정에 관한 힌트가 담겨 있다. 컵 안에서 둥둥 떠다니는 얼음은 지구 생명의 생존 원리를 가르쳐준다. 과학은 우리 삶의 어느 것 하나 우주의 원리에서 벗어날 수 없음을 알려주는 학문이다.

이 책의 모든 항목은 '그건 왜 그런 걸까?' '그건 대체 무엇일까?'와 같은 질문으로 시작한다. 질문을 던지고 해답을 찾는 과정은 사고의 폭을 넓혀준다. 물론 '그걸 알아서 뭐해?'라고 끊임없이 반문하며 살아갈 수도 있다. 하지만 질문을 던지는 쪽이 세계를 훨씬 더 넓고 깊게 바라볼 수 있으리라는 점에는 의심의 여지가 없다. 또한 어떤 현상이든 먼저 질문하고 의심을 갖고 합리적으로 검증하는 과학적 사고방식은 잘못된 정보와 빈약한 논리, 성급한 결론으로 넘쳐나는 세상을 살아가는 우리 모두에게 반드시 필요한 것이기도 하다. 이 책이 여러분의 시야를 넓히는, 혹은 잊고 있었던 호기심의 불꽃을 되살리는 작은 계기가 되기를 진심으로 바란다.

2018년 여름
홍주연

옮긴이 **홍주연**

연세대학교 생명공학과를 졸업하고 서울대학교 대학원에서 미술이론 석사과정을 수료했다. 현재 번역에이전시 엔터스코리아에서 출판기획자 및 전문번역가로 활동 중이다. 옮긴 책으로는《뭉크, 추방된 영혼의 기록》《당신이 알지 못했던 걸작의 비밀》《스티븐 유니버스 Art & Origins》외 다수가 있다.

똑똑 과학 씨, 들어가도 될까요?

© 마티 조프슨, 2018

초판 1쇄 인쇄일 2018년 8월 20일
초판 1쇄 발행일 2018년 8월 30일

지은이 마티 조프슨
옮긴이 홍주연
펴낸이 정은영
편집 임채혁
마케팅 한승훈 윤혜은 황은진
제작 이재욱 박규태

펴낸곳 (주)자음과모음
출판등록 2001년 11월 28일 제2001-000259호
주소 04047 서울시 마포구 양화로6길 49
전화 편집부 (02)324-2347, 경영지원부 (02)325-6047
팩스 편집부 (02)324-2348, 경영지원부 (02)2648-1311
이메일 inmun@jamobook.com

ISBN 978-89-544-3889-6 (03400)

이 도서의 국립중앙도서관 출판예정도서목록(CIP)은 서지정보유통지원시스템 홈페이지(http://seoji.nl.go.kr)와 국가자료공동목록시스템(http://www.nl.go.kr/kolisnet)에서 이용하실 수 있습니다.(CIP제어번호: CIP2018020954)